百科·探索·发现
（少年版）

神奇的植物

SHENQI DE ZHIWU

主　编　张　哲

编　委　金卫艳　李亚兵　袁晓梅　赵　欣　焦转丽
　　　　张亚丽　侣小玲　李　婷　吕华萍　赵小玲
　　　　田小省　宋媛媛　李智勤　赵　乐　车婉婷
　　　　靖凤彩　迟红叶　李雷雷　王　飞　刘　倩

时代出版传媒股份有限公司
安徽科学技术出版社

图书在版编目（ＣＩＰ）数据

神奇的植物 / 张哲主编. —合肥：安徽科学技术出版社，2015.1（2023.1重印）

（百科·探索·发现：少年版）

ISBN 978-7-5337-6440-1

Ⅰ．①神… Ⅱ．①张… Ⅲ．①植物—少年读物 Ⅳ．①Q94-49

中国版本图书馆 CIP 数据核字（2014）第211220号

神奇的植物   主编 张 哲

出 版 人：丁凌云　选题策划：《海外英语》编辑部　责任编辑：徐 晴
责任校对：潘宜峰　责任印制：廖小青　　　　　　　封面设计：李亚兵
出版发行：安徽科学技术出版社　　　　http://www.ahstp.net
　　　（合肥市政务文化新区翡翠路 1118 号出版传媒广场，邮编：230071）
　　　电话：（0551）63533323
印　制：阳谷毕升印务有限公司　　　　电话：（0635）6173567
（如发现印装质量问题，影响阅读，请与印刷厂商联系调换）

开本：710×1010 1/16　　印张：10　　　字数：200千
版次：2015年1月第1版　　2023年1月第3次印刷

ISBN 978-7-5337-6440-1　　　　　　　定价：45.00元

前言

从杳无人烟的荒漠到波澜壮阔的大海，从万里冰封的两极到炽热无比的火山口，处处都有植物的影踪。可以想象，植物的世界是多么广阔和多彩！正是它们把我们的地球家园装扮得美丽、富饶，充满生机。而形态各异的叶子，千姿百态的花朵，高低不同的枝茎——植物的这些特征也都是经过数亿年的进化而来，它们经受住了重重考验，一直发展到今天，成为地球上最绚丽的色彩。

在这个妙趣横生的植物世界里，有的身材高大，根深叶茂；有的身形微小，游离不定；有的美丽迷人却富含毒性；有的互利共生，相依为命；有的损人利己，杀人不眨眼；有的生活在森林中潮湿的水边，专门以飞来飞去的昆虫为食物……

不仅如此，植物界还存在着无尽的知识和奥秘，假如你有兴趣，就请一起来吧！本书以活泼生动的语言和精彩纷呈的图片向读者全方位展示了有关植物世界的100个奥秘知识，有趣、实用、丰富。

相信你一定会不虚此行！

CONTENTS

目录

百科·探索·发现（少年版）

神奇的植物

百科·探索·发现（少年版）

神奇的植物

CONTENTS

▶ 植物部落

▶ 美化我们的生活

CONTENTS

植物王国的"另类"

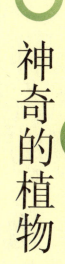

绚丽缤纷的花朵

百科·探索·发现（少年版）

神奇的植物

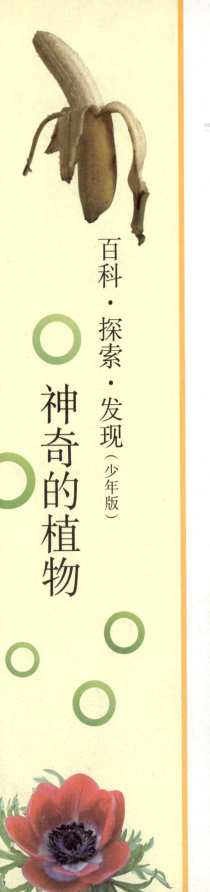

百科·探索·发现（少年版）

神奇的植物

CONTENTS

绿色家族

植物是地球上最多姿多彩的生命。几千年来，人们发现了数十万种植物，它们形态各异，五彩缤纷，将地球家园装扮得美丽、富饶。现在，就让我们一起来看看这个美丽的绿色家族吧！

植物的"嘴巴"——根

<big>根</big>是植物的组成部分之一，它通常生长在地下，我们看不到，但不起眼的根对植物却相当重要。它就像是植物的"嘴巴"，能从泥土里吸收供植物生长和发育的营养和水分。

植物的脚

土壤中有许多或粗或细的根，就像无数双脚爪，牢牢地抓住泥土，使植物的茎干直立起来。树木长得越高大，它的根往往就越粗壮。

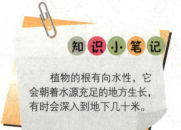

知识小笔记

植物的根有向水性，它会朝着水源充足的地方生长，有时会深入到地下几十米。

须根系

植物的根系有两种类型，其中一种叫须根系，它是由一大簇粗细差不多的根组成的，好似乱蓬蓬的胡须。玉米、水稻、高粱等的根都属于须根系。

▲ 玉米的须根

▲ 小麦的须根

直根系

植物的另一种根系是直根系，是由粗壮发达的主根、主根上长出的侧根及侧跟上长出的细根共同组成的。如大豆、棉花等植物的根。

胡萝卜的储藏根

胡萝卜的储藏根

有一种根能够储存营养，叫储藏根，因为这种根特别肥大，所以又叫肉质根。胡萝卜的根就是这样的，它不但可以吸收土里的水分和矿物质，还能储存营养物质，相当于一个营养仓库。

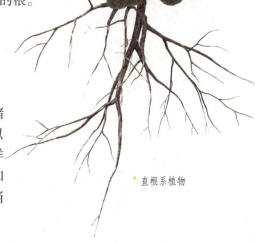

直根系植物

榕树的气生根

有一种类型的根是暴露在空气中的，叫气生根，比如榕树的根。它是从树干或树枝上长出的，有几百条甚至上千条之多，而且越来越长，越长越粗，当它们垂入地下多年后，几乎就和粗壮的树干一样，看上去就像一片树林。

榕树的气生根

植物的运输通道——茎

植物的茎大多数笔直地挺立在地面上，茎枝上长着叶子、花朵和果实，在支撑植物的同时，也充当着根和叶的运输通道，但有些植物的茎因为生长的需要发生了变异，形状变得让人难以辨认，同时还具有了新的功能，这样的茎叫"变态茎"。

❀ 块茎

块茎是地下变态茎的一种，呈圆滚滚的块状，有发达的薄壁组织，能贮藏丰富的营养物质，块茎的表面有许多芽眼，比如马铃薯、山芋等都是块茎的一种。

▲ 马铃薯的块茎

◀ 洋葱的鳞茎

▲ 发芽的洋葱

知识小笔记

大部分地下茎因为含有丰富的养料，常被用来食用，如荷花的根茎藕、洋葱的鳞茎、马铃薯的块茎等。

鳞茎

生长在地下的鳞茎是变态茎的一种，呈现为球形体或扁球形体，由肥厚的鳞片层层包裹构成。这些鳞片叶不但可以保护鳞茎内部的幼芽，还能储藏养料。洋葱、蒜头、水仙、百合等都属于鳞茎。

↑ 蒜头

竹子的地上茎与地下茎

长在地面的竹竿就是竹子的茎，这是它的地上茎。竹子还有一种长在泥土中的地下茎，叫"竹鞭"，因为竹鞭有着根的形状，所以竹子的地下茎属于根状茎。

藕的地下茎

藕是荷花的地下茎，它像根一样长在淤泥里。藕里面有一些长长的空心圆孔，这是藕的通气孔，因为它在水下淤泥中缺少空气，有了通气孔，就能把叶子吸来的空气送往根茎的各个部分了。

↑ 藕的通气孔

植物的"绿色工厂"——叶

叶子能通过叶绿素把太阳的能量和空气中的二氧化碳气体转化成营养供植物吸收，还能储存营养，供人类和动物利用，所以被人们称为植物的"绿色工厂"。

叶子的结构

叶子由表皮、叶肉和叶脉三部分组成。如果我们把叶子比作一个绿色工厂，叶片的上下表皮就是工厂的围墙；叶肉就等于厂里的生产车间，而在车间里起重要作用的就是叶绿体；叶脉是工厂里的传输系统。这三大部分相互配合，让叶子正常工作。

知识小笔记

在适应各种生活环境的过程中，一些植物的叶子发生了变态，如沙漠中的仙人掌，为了保存体内的水分，节制蒸腾作用，它们的叶子退化成了细小的针状叶。

叶片吐水

叶片吐水

清晨，我们常常能见到许多植物的尖端或者边缘垂挂着一颗颗晶莹的水珠，其实这并不是露水，它们是从植物的叶片内分泌出来的一种液体，科学家把这种现象称为吐水。

↑叶子的主要作用是进行光合作用和蒸腾作用

叶子的不同形态

就像人的长相各不相同一样，植物的叶子也有各种各样的形状，如鳞形、披针形、卵形、圆形、镰形、菱形、匙形、扇形等。世界上是找不出两片完全相同的叶子的。

↑会"爬"的豌豆叶子

会"爬"的叶子

豌豆是我们常吃的蔬菜，它的叶子很普通，但有趣的是，豌豆叶子前端的几片小叶呈卷须状，豌豆就是靠这样的卷须，顺着其他物体的身体向上攀爬生长的。

↑喷洒到叶片上的肥料或者农药有一部分也会通过气孔进入植物体内

叶片上的气孔

如果把叶子拿到显微镜下观察，就会看到上面有许多微小的孔隙，这些就是植物的气孔。气孔是植物与外界进行气体交换的通道，同时也是体内水分蒸发的出口。

美丽的外衣——花

许多植物都会开出鲜艳、芳香的花朵，不仅如此，它们还肩负着植物传宗接代的重要任务，植物开花的目的正是为了繁衍后代，产生种子。

花的结构

花有很多种，但大体结构都是相同的，主要由花瓣和花蕊组成。其中，花蕊包括雄蕊和雌蕊，雄蕊上带有花粉，雌蕊包括柱头、花柱和子房三部分。其中位于雄蕊顶部的柱头，是用来支撑花粉的；花柱是花粉进入子房的通道；子房则是产生种子的地方。

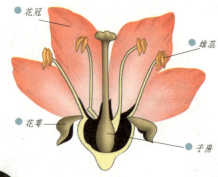

花冠
雄蕊
花萼
子房

▲ 花的结构

◀ 百合花的花蕊

雄蕊和雌蕊

成熟的雄蕊能产生花粉和精子，而成熟的雌蕊中的胚珠里有卵细胞。它们经过传粉和受精，才会发育成胚，成长为新一代的植物。

花粉的传播

花粉的传播方式很多，但都要借助外面的媒介力量来帮忙。有些是通过蝴蝶、蜜蜂等昆虫来传播花粉，这样的花叫"虫媒花"；有些利用风来传播，称为"风媒花"；还有些靠水来传播花粉的"水媒花"。

▲ 勤劳的小蜜蜂常常穿梭在花丛中，帮助植物传粉

知识小笔记

一株植物可以开一朵或许多花，如果许多小花按照一定顺序排列在花枝上，就叫做花序。

健康食品——花粉

花粉的营养价值很高，含有丰富的蛋白质、碳水化合物、维生素、氨基酸等多种物质，它的蛋白质含量超过大豆，氨基酸含量是牛肉的 5 ~ 7 倍。

广泛的用途

美丽的花朵与人们的日常生活息息相关，处处显示出自己的价值。比如宜人的花香能使人心情愉快，还可以抑制某些菌类的生长；花中的蛋白质、维生素等含量很高，极有营养，还有美容护肤的作用。此外，漂亮的鲜花还可以送人，表达温馨的祝愿。

▲ 花朵让生活变得美丽

植物的奉献——果实

水果是我们最常食用的果实，它含有丰富的维生素和多种微量元素。果实是植物的花经过传粉受精后，由雌蕊的子房发育而成的器官。果实的外表通常由果皮包裹，在果皮里面，则是用来传宗接代的种子。

🌸 果实的来源

果实一般是由植物的子房发育而成的，植物的种子就藏在里面，所以植物的子房其实是专门保护种子的。

▲ 黄瓜花、南瓜花中有些是雌花，有些是雄花。雌花是会结果实的，而雄花因为没有雌蕊，所以不会结果

知识小笔记

蒲公英的果实上有一丛蓬松的白绒毛，有风的时候，这些好比降落伞的果实就会被吹散到四面八方。

● 果核

● 果皮

● 果肉

↑ 果实的结构

🍁 果实的结构

一棵成熟的果实一般分为三层，最外面一层是外果皮，例如桃子皮、苹果皮等；中间一层叫中果皮，就是肥美多汁的果肉；最里面一层是内果皮，其实就是坚硬的核。而种子就藏在核里面。

多样的果实

果实是各种各样的，有的果肉很厚，果汁很多，我们叫它浆果，比如草莓；有的果实外面是由皱巴巴的核包裹起来的，叫核果，比如核桃；有的果实是由许多小果实紧紧挤在一起的，称为颖果，比如我们经常吃的玉米。

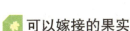
草莓是一种浆果

红醋栗的果实常用于制作果酱、果冻、果汁、甜酒及烈酒

可以嫁接的果实

一般来说，一棵树只能结一种果实，但果实是可以嫁接的，如果把一种果树的树枝嫁接到另一种果树上，它就能结出不同的果实。

板栗

单果

多数植物的花只有一个雌蕊，形成一个果实，所以称为单果。单果又分为肉质果和干果。常见的肉质果有番茄、柑橘、西瓜和猕猴桃等；常见的干果有豌豆、玉米、向日葵和板栗等。

生命的延续——种子

种 子肩负着植物传宗接代的重任，所以被誉为植物的"命根子"。种子由胚、胚乳和种皮组成，它是储存养料最丰富的地方，含有淀粉、糖类、蛋白质、脂肪、维生素和矿物质等。

❀ 种子的结构

种子的结构分为三层，最外面的一层是对种子起保护作用的种皮；中间是储存能量物质的胚乳；最里面一层是可以发芽长大的胚。

▶草莓的种子是裸露在外的

❀ 种子的寿命

种子的寿命一般都不长，一颗种子如果能存活到15年以上，就已经算是很长寿的了。

❀ 种子的"营养仓库"

胚乳为胚的成长发育提供必需的营养物质，是种子的"营养仓库"。不过，并不是所有的植物都有胚乳，有的植物种子是用一个叫"子叶"的器官来代替胚乳的，如蚕豆。

▶很多植物依靠自己的力量传播种子

↑ 刚萌发的种子，幼根向下伸向泥土，渐渐长成一棵嫩绿的幼苗，去接受阳光的洗礼

🌿 最大的种子

塞舌尔是非洲东部一个风光旖旎的岛国。岛上有一种身躯高大的复椰子树，它高 15 ~ 30 米，直径约 30 厘米，它的种子直径约 50 厘米，最大的可重达 15 千克，复椰子树的种子是世界上最大的种子。

🌸 自立的种子

跟许多植物种子不同，凤仙花种子的传播是完全依靠自身的力量来完成的。当它们成熟后，就会自动炸裂，把里面的种子弹射出去。

知识小笔记

科学家在研究动物的粪便时发现，知更鸟粪便中的种子，有 80% 以上能发芽。

↑ 复椰子的种子

🌼 种子的传播

种子成熟后，并不是就近着落，而是利用种种方法来散布自己，以扩大繁殖的领域。常见的靠风传播的有蒲公英，靠动物传播的有鬼针草，还有靠水传播的睡莲。

种类最少——裸子植物

在 植物王国中，有一类植物用来繁育后代的种子是没有被果皮包裹的，就像没有穿外衣的人一样。我们把这些裸露着种子的植物称为"裸子植物"。

◆ 针叶林一般是由裸子植物组成的

🍁 最大的覆盖量

裸子植物是地球上最早以种子来繁殖的植物，它们覆盖着当今地球森林面积的 80%，但种类却只有 800 多种，是植物界中种类最少的。

🍁 重要的林木

裸子植物很多为重要的林木，尤其在北半球，大的森林 80% 以上都是裸子植物，如落叶松、冷杉、银杏、云杉等。

▶ 松树

🍁 云杉

云杉是裸子植物的代表，它是依靠风力传播花粉的，它的花粉每秒下降 6 厘米，虽不及雨滴下落的速度，但却是各种花粉中下落最快的。

落叶松

落叶松的天然分布很广，它是生长在寒温带及温带的树种，在针叶树种中是最耐寒的。欧洲阿尔卑斯山的落叶松非常有趣，当嫩苗被羊群吃掉后，便会很快长出一簇刺针，一旦羊群再犯，它们就会刺中羊的身体，让羊群无法再接近。

▶落叶松等针叶林的种子是松鼠的主要食物

金色活化石

银杏是裸子植物的代表，它的历史非常悠久，早在2.7亿年前就生活在地球上，但后来大多种类都灭绝了，仅遗留了一种，所以被人们称为"金色的活化石"。银杏树外形很美观，叶子就像一把小小的扇子。因为它的生长速度非常非常缓慢，经常是爷爷栽下去的树，到孙子那一辈才能吃到果实，所以又被人称为"公孙树"。

知识小笔记

在非洲热带沙漠中，有一种叫千岁兰的裸子植物，它一生只长两片叶子，不会脱落换新叶，可以活到100年。千岁兰的叶子称得上是世界上最长寿的叶子。

▲千岁兰

▶银杏树具有很强的抗污染能力

进化地位最高——被子植物

被子植物是植物界中数量最多、结构最复杂、进化地位最高级的植物类群，几乎可以适应任何环境。它们具有根、茎、叶、花、果实和种子，而且种子的外面都有果皮包裹着。

高等植物

被子植物最突出的特征是可以开花结果、产生种子来繁衍后代。之所以说它是一种高等植物，是因为它的受精过程不需要水分，而且多数被子植物还具有可以上下贯通的导管。

➤牡丹的叶子像鹅掌，长在低矮的枝干上。每到初夏时，牡丹花就层层叠叠地绽放，显得雍容华贵

被子植物的分类

根据被子植物种子里的子叶数目是一片还是两片，我们将其分为单子叶植物和双子叶植物两大类。除了子叶的不同，我们还根据叶脉和根系的不同来区分这两类植物。

知识小笔记

被子植物又称绿色开花植物。现知被子植物有1万多属，20多万种，占植物界的一半。

➤板栗也是被子植物，我们平时看到的板栗只是板栗的种子。栗色的壳是种皮，黄色的肉实则为胚。壳外边的是长有很多刺的果皮

最早的被子植物

生长在1亿多年前的辽宁古果是最早的已知被子植物。它们能开出美丽的花朵，并用果实来保护种子，这样的生殖方式非常先进，得以让它们顺利地繁衍壮大。

杜鹃花

杜鹃花是典型的被子植物，又名映山红，泛指各种红色的杜鹃花。其实，杜鹃花不是只有红色，还有白色、黄色等。杜鹃花主要在春天开花，在开花的季节，千姿百态的花朵挂满枝头，艳丽可爱。

▶被子植物都有显著而美丽的花朵

种类最多的被子植物

菊科是被子植物中种类最多的一科，它最重要特征是由许多小花簇拥在一起，形成美丽的头状花序，使昆虫很容易发现传粉的目标。菊科还有药用价值，比如蒲公英、向日葵等。

◀向日葵

不喜阳光——苔藓植物

<big>在</big>阳光照不到的墙角下或大树根旁边，我们常常可以找到绿色的苔藓植物，这是一类非常低等的植物，它们没有真正的根。常见的苔藓植物有地钱、葫芦藓、墙藓等。

苔藓植物的特点

苔藓植物的植株大都十分矮小，几乎都只有几厘米长。因为受精过程离不开水，所以它们大多喜欢阴暗潮湿的环境，多生长在阴湿的石面、泥土表面、树干或枝条上。

泥炭藓的植物体具有很强的吸水力，可以用来铺苗床。此外，泥炭藓消毒后还可以代替药棉

苔藓植物的分类

苔藓植物可以分为苔和藓两大类。苔类植物的株体通常呈扁平状，贴着地面生长；藓类植物则大多数都有略为明显的茎和叶，笔直地向上生长着。

生长在潮湿地方的苔藓植物

苔藓植物的作用

苔藓植物常常成丛，密集生长于阴湿环境中，覆盖在地面上，可减少雨水对土壤的冲刷，起着保持、涵养水分的作用。

葫芦藓

葫芦藓是典型的苔藓植物，它的身高仅有 1.5 厘米左右，叶子又小又薄，没有叶脉，叶子大多由一层细胞组成，小得几乎看不到，但是因为叶片细胞内含有叶绿体，所以依然能进行光合作用。

↑ 葫芦藓长得十分矮小，只能生活在阴湿的环境中

知识小笔记

有些苔藓植物只能生长在或酸性或碱性的土壤中，所以苔藓植物又具有指示土壤性质的作用。

↑ 苔藓植物比蕨类植物要矮小

天然检测器

苔藓植物在被污染的空气中会生长不良，叶色泛黄，有的甚至枯萎和死亡。所以，人们常用苔藓植物来监测空气污染的程度。某地区大气越清洁，附生的苔藓就越多；相反，污染越严重，则附生的苔藓就越少，甚至绝迹。

↓ 苔藓植物

最原始的维管植物——蕨类植物

蕨 类植物是植物中主要的一类，是高等植物中比较低级的一门，也是最原始的维管植物。常见的蕨类植物有肾蕨、满江红、铁线蕨、贯众等，它们绝大多数生长在热带雨林地区。

蕨类植物的祖先

蕨类植物的祖先是一种非常古老的羊齿植物。起初，它们没有根，也没有叶子和花，后来渐渐长出了根和叶子，并且长得高大茂密。

▲ 桫椤繁盛于中生代的侏罗纪时期，是当时草食性恐龙的重要食物

▲ 生长在密林中的蕨类植物

桫椤

桫椤也叫树蕨，是最著名的蕨类植物之一，它能长到几米甚至十几米高，被称为"蕨类之王"。桫椤的树形美观，枝繁叶茂，看上去像一把遮阳伞。

▲ 铁线蕨黑色的叶柄纤细而有光泽，加上其柔美的质感，好似少女柔软的头发，因此又有"少女的发丝"之称

生活环境

蕨类植物喜欢生长在温暖潮湿的环境，比如在阳光少见的山谷，在水分充足的溪水旁边，尤其在热带雨林中，蕨类植物生长得特别茂盛。

广泛的用途

现存的蕨类植物，大多数是生于山区的多年生草本，在经济上有多种用途，可作为医药，也能被食用或当作绿肥和饲料，另外，由于其具有独特、美观的。体形且无性繁殖力强，还可作盆景，绿化庭院和住宅。

知识小笔记

早在人类还没有出现的时候，蕨类植物就已经在陆地上存在了，高大的古代蕨类植物死去时，它们的躯体被一层层地压在地下，形成了今天我们所看到的煤。

▲ 裸蕨是已绝灭的最古老的陆生植物

▲ 蕨类植物的叶背

蕨类植物的叶子

蕨类的叶子呈环状，最初它紧紧卷曲，随着不断生长而展开，每片叶子又由许多小叶子组成。

最古老的植物类群——藻类植物

藻 类植物一般都具有进行光合作用的色素，能利用光能把无机物合成有机物，供自身需要,是食物链底层的一类自养原植体植物，一般生长在水体中,是植物界最古老的类群。

众多的藻类植物

藻类植物约有 3 万种，体形多样，有单细胞、群体、多细胞的丝状体及叶状体。它们的大小差别很大，小的只有几微米，必须在显微镜下才能看到；较大的肉眼可见；最大的体长可达 100 米以上。

→褐藻

多颜色的藻类植物

藻类植物细胞含有各式各样的色素，而不同的色素组成标志着进化的不同方向，也是分类的主要依据，人们将藻类分为红藻、蓝藻、金藻等。

→红藻

知识小笔记

你知道吗？藻类植物没有根、茎、叶的分化，它们是陆地上最古老的植物。

生活环境

藻类植物大多数生活于淡水或海水中，少数生活于潮湿的土壤、树皮、石头和花盆壁上。在水中生活的藻类，有的浮游于水中，也有的固着于水中岩石上或附着于其他植物体上。有些藻类能在南、北极或终年积雪的高山上生活，有些还能在高达85℃的温泉中生活。

海带

海带是典型的藻类植物，呈褐色，全身上下都很光滑，一般长2～6米。海带的底部有假根，可以牢牢地抓住海底的礁石或贝壳，防止被海浪冲走。海带是一种营养价值很高的蔬菜，里面含有丰富的碘、钙、蛋白质等营养元素。

→海带的底部有假根，可以牢牢抓住海底的礁石或贝壳，抵御海浪的冲击

硅藻

硅藻是一类最重要的浮游生物，分布极其广泛。在世界大洋中，只要有水的地方，一般都有硅藻的踪迹。硅藻种类多、数量大，因而被称为海洋的"草原"。它最大的特点就是外壳坚硬，而且布满花纹，如果在显微镜下看，就像工艺品一样。

把400个硅藻排成一列，有1个米粒的长度

代代相传的生命

形态各异、千姿百态的植物在地球上已经生活了数亿年。在这期间，它们经受了重重考验，一代又一代地生息繁衍着，把地球装扮得绚丽多彩。

最有活力的阶段——种子萌芽

种子是传宗接代的繁殖器官，对植物生长有着必不可少的作用。种子萌芽是生命发展的最初阶段，也是植物生长过程中最有活力的阶段。

↑土壤为种子萌芽提供了所需的温度和水分

充分的水分

水分是种子发芽所必需的。有了水分，酵素才能活动，种子贮藏的养分才能水解产生作用，细胞也才能膨胀伸长。

知识小笔记

一棵幼苗破土而出时，甚至可以顶翻压在它上面的一块大石头。

足够的氧气和温度

种子活动需要进行呼吸作用，也就需要氧气。只有少数水生植物的种子，能在缺氧状况下发芽。另外，每一种植物都有最适合发芽的温度，不同的植物，适合发芽的温度也不一样。

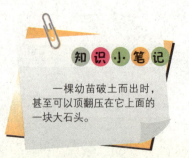

↑种子生命力的强弱和品质的好坏直接影响到种子的萌发速度和幼苗的健壮程度

种子的发芽过程

种子发芽的过程分 3 个阶段：吸水膨胀、萌发和出苗。有活力的种子，受潮吸水后，开始进行呼吸、蛋白质合成以及其他代谢活动，经过一定时期，种胚突破种皮，露出胚根，这样就长成了一棵幼苗。

↑种子的萌芽过程

顽强的生命力

刚萌发的种子幼根朝下，伸向泥土，而子叶却向上，慢慢破土而出，长成一棵嫩绿的幼苗。虽然新长出的幼苗看上去很柔弱，但是却蕴藏着顽强的生命力。

↗刚萌发的种子，幼根向下伸向泥土，渐渐长成一棵嫩绿的幼苗，去接受阳光的洗礼

无心的播种

松鼠有储存食物的习惯，每年秋天种子成熟时，它们就会采集许多，储藏在地上临时挖好的洞穴中，以备过冬之需。可松鼠的记性不太好，常常忘记埋种子的地方，到了每年春暖花开的时候，那儿就会长出许多树苗来，所以，人们也称松鼠为"勤劳的播种者"。

↑松鼠

各显神通——种子传播的奥秘

植物和动物不同,它们生长在固定的地方,不能像动物一样走来走去。那么,到秋天植物的种子成熟时,它们都是依靠什么巧妙的方法使种子传播出去的呢?

自体传播

自体传播就是靠植物体本身传播,并不依赖其他的传播媒介。果实或种子本身具有重量,成熟后,果实或种子会因重力作用直接掉落地面,例如毛柿及大叶山榄;而有些蒴果及角果,果实成熟开裂之际会产生弹射的力量,将种子弹射出去,例如乌心石。

在自然状态下,豌豆的种子在豆荚中发育成熟,豆荚破裂后,种子就弹射出去了

鸟类传播

鸟类传播的种子,大部分都是肉质的果实,例如浆果、核果及隐花果。果实被鸟类采食后,种子经过消化道后被随意排泄。靠鸟类传播种子的植物是比较先进的一群,因为鸟类传播种子的距离是所有方式中最远的。

颜色鲜艳、味道也不错的植物果实往往能引来鸟儿啄食,种子随着鸟儿的粪便排出

知识小笔记

荷花的果实是莲蓬,它成熟时随波逐流,把种子带到远方,等莲蓬腐烂沉到水底,第二年就长出新的植株。

风传播

有些种子会长出形状如翅膀或羽毛状的附属物,乘风飞行,还有些种子因为重量、体积较小,也会依靠风来传播,把种子散播到远方,比如柳树、木棉、兰科的种子,蒲公英等。

◀ 蒲公英借助风力传播种子

哺乳动物传播

哺乳动物传播的种类,大部分都是一些中大型的肉质果或干果。一般而言,哺乳动物的体型比较大,食物的需要量大,故会选择一些大型的果实。比如猕猴喜爱毛柿及芭蕉的果实,这样也帮助了这些植物种子的传播。

▶椰子的传播需要依靠流水的帮助才能完成。椰子成熟以后,落到海洋中,由于它外面裹着粗纤维组织,里面充满了空气,所以能浮在水面上,随着海水漂流,一旦被冲上海滩,很容易生根发芽

水传播

靠水传播的种子可以浮在水面上,经由溪流或洋流来传播。此类种子的种皮常具有丰厚的纤维质,可防止种子因浸泡、吸水而腐烂或下沉,如睡莲、棋盘脚、莲叶桐等。

漫长的过程——植株的生长

一粒小小的种子落入土中,在适当的条件下,它就会发芽、生根,逐渐长成一棵参天大树……在经历一系列漫长的成长过程之后,它还会结出丰硕的果实。

生长环境

在植物生长的过程中,它需要各种生活条件,不同的植物需要不同的生长环境,阳光、水分、温度、土壤和生长空间等都是影响植物生长的因素。

▶不同植物所需的生活环境不一样

所需的营养成分

植物生长需要大量的水、二氧化碳和无机盐,还需要不断从外界摄取各种营养元素,如碳、氢、氧、氮、磷、钾等。其中,碳、氢、氧可以从空气中的二氧化碳和土壤里的水分中获得,除部分地区缺乏个别微量元素外,一般土壤都供给有余。

▶植物所需的许多营养都是由土壤提供的

知识小笔记

太阳每时每刻都在向地球传送着光和热,有了太阳光,地球上的植物才能进行光合作用。

大多数植物的叶子是绿色的

🍂 深色叶片的秘密

　　植物叶片大多数为深色，如绿色、蓝色等,深色的叶片吸收光和热的本领较强。植物通过光合作用可产生淀粉、脂肪、蛋白质等有机物，实现光能转化为化学能，这正好符合能量守恒定律。

🍁 向地生长

　　植物的根具有向地生长的特性,这是植物对重力产生的反应。土壤中的矿物质营养成分必须溶于水后才能被根吸收, 这就是扩散现象。

植物的生长

🍃 寿命最短的植物

　　生长在沙漠中的短命菊，它只能活几个星期。沙漠中长期干旱，短命菊的种子在稍有雨水的时候，就赶紧萌芽生长、开花结果，赶在大旱到来之前，匆忙地完成它的生命周期，不然它就会"断宗绝代"。

繁衍后代——开花和结果

当植物生长到一定阶段时，花朵便开始绽放，随后丰硕的果实也悄悄缀满枝头……简单地讲，开花和结果是高等植物有性生殖的重要环节。只有经过传粉和受精，植物才能产生种子，繁衍后代。

传粉

传粉是指雄蕊花药中的成熟花粉粒传送到雌蕊柱头上的过程。有自花传粉和异花传粉两种方式。典型的自花传粉是闭花传粉，如豌豆和花生植株下部的花，不待花蕊张开就完成传粉用。异花传粉为开花传粉，须借助外力，如昆虫、风力等传送。

▲ 花粉

花粉传播途径

利用水力来帮助传播花粉的花叫水媒花；依靠昆虫传粉的花叫虫媒花；利用风力完成传粉任务的叫做风媒花。杨树的花就是典型的风媒花，它的花瓣已经退化，让雄蕊几乎完全暴露在风中，这样可以更好地接受风传来的花粉。

知识小笔记

传粉媒介主要有昆虫（包括蜜蜂、甲虫、蝇类和蛾等）和风。此外蜂鸟、蝙蝠和蜗牛等也能传粉，还有些植物通过水进行传粉。

▲ 虫媒传粉

植物的受精

受精是指精子与卵细胞融合形成受精卵的过程。花粉落到柱头后，受柱头黏液的刺激开始萌发，长出花粉管，花粉管穿过花柱，就进入子房，到达胚珠。花粉管中的精子进入胚珠内部，与胚珠中的卵细胞结合，就形成受精卵。

人工辅助授粉

若子房的胚珠内未形成受精卵，就不能正常发育，果实可能脱落或果实内部种子为空瘪粒。为了防止自然传粉不足的情况，可通过人工的方法给植物进行辅助授粉，即人工辅助授粉。

▲人工授粉

果实和种子的形成

植物受精后，花瓣、雄蕊、柱头、花柱都会凋落，子房继续发育成果实，子房壁发育成果皮，胚珠发育成种子，珠被发育为种皮，受精卵发育成胚。

一株玉米的雄花上有5000万粒花粉，风一吹便会漫天飞舞

植物的制氧环节——光合作用

光合作用是植物利用叶绿素或某些细菌利用其细胞本身，在可见光的照射下，将二氧化碳和水转化为有机物，并释放出氧气的生化过程。

重要的阳光

所有的植物都需要从太阳光中吸取能量，进行光合作用，制造出供自己生存的食物。如果没有阳光，我们的地球也就不会有生命。

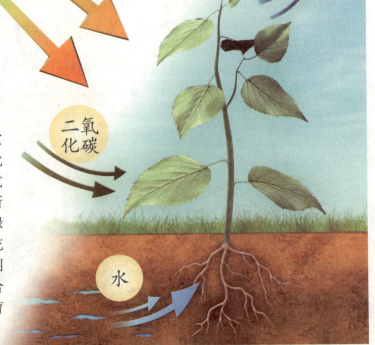

▶植物的光合作用

阳光

二氧化碳

水

自养生物

植物与动物不同，它们没有消化系统，因此它们必须依靠其他方式来摄取营养，这就是所谓的自养生物。对于绿色植物来说，在阳光充足的白天，它们会利用阳光的能量来进行光合作用，以获得生长发育必需的养分。

植物栽培与光能的合理利用

光能是绿色植物进行光合作用的动力。在植物栽培中，合理利用光能，可以使绿色植物充分地进行光合作用。合理利用光能主要包括延长光合作用的时间和增加光合作用的面积两个方面。

植物的光合作用离不开太阳光

制造有机物

绿色植物通过光合作用制造有机物的数量非常巨大。据估计，地球上的绿色植物每年大约制造四五千亿吨有机物，这远远超过了地球上每年工业产品的总产量。所以，绿色植物的生存离不开自身通过光合作用制造的有机物，人类和动物的食物也都直接或间接地来自光合作用制造的有机物。

知识小笔记

晚上不应把盆景放到室内，以避免因植物呼吸而引起室内氧气浓度的降低。

阳光传递生命的媒介

植物利用阳光的能量，将二氧化碳转换成淀粉，以供其自身生存并作为动物的食物来源。叶绿体由于是植物进行光合作用的地方，因此叶绿体可以说是阳光传递生命的媒介。

树叶在阳光照射下利用二氧化碳和水分，制成淀粉和氧

植物体内代谢的过程——呼吸作用

呼吸作用是高等植物代谢的重要组成部分，与植物的生命活动关系密切。呼吸作用根据是否需要氧气，分为有氧呼吸和无氧呼吸两种类型。

呼吸作用

生物的生命活动都需要消耗能量，这些能量来自生物体内糖类、脂类和蛋白质等有机物的氧化分解。生物体内的有机物在细胞内经过一系列的氧化分解，最终生成二氧化碳或其他产物，并且释放出能量的总过程，叫做呼吸作用。

▲植物是通过叶片中的气孔吸入氧气进行有氧呼吸的

有氧呼吸

有氧呼吸是高等植物进行呼吸作用的主要形式，它是指细胞在氧的参与下，通过酶的催化作用，把糖类等有机物彻底氧化分解，产生出二氧化碳和水，同时释放出大量能量的过程。

▶植物通过有氧呼吸消耗有机物产生能量，供给植株

无氧呼吸时会产生酒精，严重危害植物健康，因积水而长时间无氧呼吸会导致植物出现烂根现象，所以稻田里应该定期排水

无氧呼吸

无氧呼吸一般是指细胞在无氧条件下，通过酶的催化作用，把葡萄糖等有机物质分解成为不彻底的氧化产物，同时释放出少量能量的过程。

重要意义

呼吸作用能为生物体的生命活动提供能量，还能为体内其他化合物的合成提供原料。在呼吸过程中所产生的一些中间产物，可以成为合成体内一些重要化合物的原料。

知识小笔记

呼吸作用过程：有机物+氧（通过线粒体）→二氧化碳+水+能量。

发酵工程

发酵工程是指采用工程技术手段，利用生物的某些功能，为人类生产有用的生物产品，或者直接用微生物参与控制某些工业生产过程的一种技术。人们熟知的利用酵母菌发酵制造啤酒、果酒、工业酒精，利用乳酸菌发酵制造奶酪和酸牛奶等都是这方面的例子。

利用发酵技术制作的牛奶饮品和食物

降温散热的法宝——蒸腾作用

蒸腾作用是绿色植物的一项重要的生理活动，它对维持植物体内水分的含量，以及在高温季节降低植物体的温度等，起到了至关重要的作用。

重要的蒸腾作用

植物的根吸收土壤中的水分，通过蒸腾作用，由叶片散发到体外。如果散发的水分多于吸收的水分，植物体细胞就会失去水分而软缩，植物体就会产生萎蔫现象。

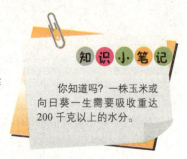

知识小笔记

你知道吗？一株玉米或向日葵一生需要吸收重达200千克以上的水分。

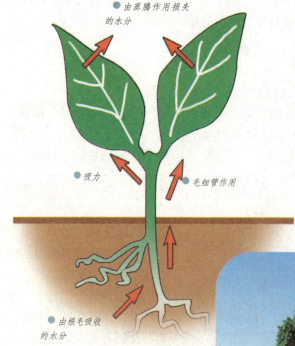

● 由蒸腾作用损失的水分

● 吸力

● 毛细管作用

● 由根毛吸收的水分

⁺ 植物的蒸腾作用

不可或缺的气孔

植物的蒸腾部位主要在叶片，其实植物体的表面布满了许多气孔，正是这些气孔在不停地蒸腾。不同的植物，叶面上气孔的数量和位置也是不一样的，生活在陆地上的植物，气孔多数藏在叶面下面，但浮在水面上的植物，气孔主要分布在叶面之上。

"抽水"的动力

叶片的水分蒸腾散失后，叶肉细胞液的浓度提高，增加了叶肉细胞从叶脉细胞吸水的动力，这样就促使叶片向茎吸水，茎又向根吸水，从上到下形成了一股吸水的强大动力，不断地由土壤向上自动"抽水"。

降温散热的秘诀

蒸腾作用能够帮助植物降温散热，它实质上是一个水的汽化过程，而这一过程是需要吸收热量的。蒸腾作用的正常进行，使植物能在烈日的烘烤下保持一定的恒温，不致被高温烫伤。

◀ 植物的蒸腾作用绝大部分是在叶片上进行的。植株幼小的时候，暴露在空气中的全部表面都能进行蒸腾

影响蒸腾作用的因素

植物的蒸腾作用受到环境中温度、光照的影响，在一定的范围内，温度越高，光照强度越大，蒸腾作用强度越大；温度越低，光照强度越弱，蒸腾作用强度越小。另外，蒸腾作用还会受到空气湿度、空气流动速度的影响。

地表蒸发和
植物蒸腾作用

降水

海洋蒸发

地下水

海洋

▲ 水的循环

植物部落

　　世界上的植物各种各样，形态万千，不同的植物有着自己特殊的生活习性，同时也需要不同的生活环境。总之，在纷繁茂盛的植物家族中，每个植物部落都是一道靓丽的风景线。

长在水里——湿地植物

湿地是地球上富有生物多样性的多功能生态系统，是人类最重要的生存环境之一。而湿地植物则泛指生长在湿地环境中的植物。它们通常生长在地表经常过湿、常年积水或浅水的环境中。

湿地植物的分类

湿地植物包括沼生植物、湿生植物、水生植物。沼生植物的基部浸没于水中，茎、叶大部分挺于水面之上，暴露在空气中，因此，具备陆生植物的某些特征，水生植物则沉于水中，而湿生植物是水生植物和陆生植物之间的过渡类型。

桐花树

桐花树是常见的红树林湿地植物，在滩涂的外缘或河口的交汇处分布较多。它的叶柄带有红色，叶面常见有排出的盐。桐花树的叶子不但是较好的饲料，而且还是很好的蜜源。

红树林是滨海湿地常见的珍贵植物

桐花树

知识小笔记

我国湿地高等植物约有225科，815属，2 276种，分别占全国高等植物科、属、种数的 63.7%、25.6% 和 7.7%。

湿地植物的功能

湿地植物除了能够直接给人类提供工业原料、食物、观赏花卉、药材等，还在湿地生态系统中发挥关键作用。

▶纸莎草是一种水生植物，像芦苇一样生长在浅水中

水松

水松为我国特有的单种属植物，分布区位于中亚热带东部和北热带东部。水松耐水湿，侧根很发达，生于水边或沼泽地。树干基部膨大呈柱槽状，并有露出土面或水面的屈膝状呼吸根。另外，它的木材材质轻软，可作建筑等用材。

芦苇

芦苇是典型的湿地植物，多生于低湿地或浅水中。它的地下茎或根系没于水底的淤泥中，而植物的上半部分和叶子生长在水面以上。苇秆可作造纸、人造丝和人造棉原料，也供编织席、帘等用，还是一种适应性广、抗逆性强、生物量高的优良牧草。

喜水的植物——水生植物

水生植物是指那些能够长期在水中正常生活的植物。它们常年生活在水中，形成了一套适应水生环境的特殊本领。通常，在水流平缓的河流湖泊中，水生植物种类较多，而在湍急的江河中，它们往往不易存活。

🌼 发达的通气组织

水生植物大都具有很发达的通气组织，它们体内形成了一个输送气体的通道网，即使在不含氧气或氧气缺乏的污泥中，仍然可以生存下来。通气组织还可以增加浮力，维持平衡，这对水生植物也非常有利。

知识小笔记

水生植物的叶子能够浮在水面上呼吸，有的叶子还有特殊的排水器官，能够将多余的水分排出体外。

▶ 荷花

🌼 荷花

荷花又称莲花、水芙蓉，是我们最常见的水生植物，它夏季开花，有白、粉、红等颜色。荷花的根固定在水下土壤中，它的叶柄和藕中有很多通气的孔眼，而茎、叶子与花则伸出水面，获得更多的阳光及空气。

金鱼藻

金鱼藻是悬浮于水中的多年水生草本植物，全株深绿色，植物体从种子发芽到成熟均没有根，叶子的边缘有散生的刺状细齿，茎平滑而细长，可长达60厘米。

满江红

满江红是生长在水田或池塘中的小型浮水植物。幼时呈绿色，生长迅速，常在水面上长成一片。秋冬时节，它的叶内含有很多花青素，群体呈现出一片红色，所以叫满江红。满江红可以作为水稻的优良绿肥，也可作鱼类和家畜的饲料。

↑ 满江红的繁殖速度惊人，人们常常用它作为水族箱中的鱼食或作为绿肥

↑ 菱角能把刚刚出生的小幼苗固定在一个地方，免得它随水漂走

↑ 菱角

菱

菱是典型的浮叶水生植物，有"水中落花生"之称，它的果实"菱角"有尖尖的硬角，能保护自己不被鱼吃掉。菱角垂生于密叶下方的水中，必须全株拿起来倒翻，才可以看得见。

结满球果——针叶林植物

如今的地球虽然是被子植物占主角，可是由裸子植物组成的针叶林却是现存面积最大的森林。一般来讲，针叶林是寒温带的地带性植被，是分布最靠北的森林。

🍃 针叶林的分布

针叶林广泛分布于世界各地，以北半球为主。北以极地冻原为界，南接针阔混交林。其中由落叶松组成的称为明亮针叶林，而以云杉、冷杉为建群树种的称为暗针叶林。

🍃 世界最大的原始针叶林

横跨欧、亚、北美大陆北部的针叶林属寒带和寒温带地区的地带性森林类型，是世界最大的原始针叶林，也是世界最主要的木材生产基地。

◆ 西伯利亚针叶林带

冷杉

冷杉树是典型的暗针叶林植物，它的皮呈深灰色，树高可达到40米，主要分布于欧洲、亚洲、北美洲、中美洲及非洲最北部的亚高山至高山地带。冷杉为耐阴性很强的树种，喜冷和空气湿润的地方，具有独特的观赏特性和园林用途。

↑冷杉

知识小笔记

寒温带的针叶林又叫泰加林，泰加林原是指西西伯利亚沼泽化的针叶林，现在被专业人士泛指寒温带的针叶林。

落叶林

落叶松是明亮针叶林的代表，它喜欢阳光充足而较干燥的环境，森林常较稀疏而阳光直达林下，冬季落叶后林下更是充满阳光，因此落叶松林是典型的明亮针叶林。落叶松的根系较浅，可以在永久冻土上生长，对土壤的要求不高，能够在严酷的自然环境中生存。

↑松树

终年常绿——常绿阔叶林植物

常绿阔叶林植物是亚热带湿润地区由常绿阔叶树种组成的地带性森林类型。在中国，以长江流域南部的常绿阔叶林最为典型，面积也最大。

🌼 不同的名称

常绿阔叶林植物在不同的国家有着不同的名字，在日本被称为"照叶树林"，欧美称"月桂树林"，中国称常绿栎类林或常绿樟栲林。这类森林具有常绿、革质、稍坚硬、叶表面光泽无毛、叶片排列方向与太阳光线垂直等特征。

🌼 常绿阔叶林的分布

常绿阔叶林是亚热带海洋性气候条件下的森林，大致分布在南、北纬 22°～ 40°之间，主要见于中国长江流域南部、朝鲜半岛、日本、非洲的东南沿海和西北部、墨西哥、智利、阿根廷、大洋洲东部以及新西兰等地。

知识小笔记

常绿阔叶林区的生物资源极为丰富，许多树种具有极高的经济价值。如红豆杉、杉木、马尾松、毛竹等都是良好的建材。

▼ 常绿阔叶林带（中国广西）

🍁 樟树

樟树是属于樟科的常绿性乔木，高可达50 米，树龄成百上千年，可称为参天古木，为优秀的园林绿化林木。樟树在春天新叶长成后，前一年的老叶才开始脱落，所以一年四季都呈现绿意盎然的景象。樟树全株还具有樟脑般的清香，可驱虫，而且终生不会消失。

🍀 桂花

桂花为常绿阔叶乔木，高可达 15 米，树冠可覆盖 400 平方米。桂花生长于亚热带气候广大地区，它终年常绿，枝繁叶茂，秋季开花，黄白色的小花极为芳香，另外，桂花还有较高的医用价值。

↑ 樟树是樟科常绿大乔木，别名本樟、香樟、乌樟、栳樟、樟仔。原产中国南部各省，越南、日本等地亦有分布

↑ 桂花

🍁 山茶

山茶别名玉茗花、耐冬、曼陀罗等，原产中国东部和日本，属于常绿阔叶灌木或小乔木，高可达 15 米，种子含油量在 45% 以上，花朵可以用来收敛止血。

↑ 山茶

夏绿冬枯——落叶阔叶林植物

落叶阔叶林是温带、暖温带地区地带性的森林类型。因其冬季落叶、夏季葱绿，又称"夏绿林"。中国的落叶阔叶林主要分布在东北地区的南部和华北各省等地区。

落叶阔叶林分布区

落叶阔叶林植物几乎完全分布在北半球受海洋性气候影响的温暖地区。这些地方一年四季分明，夏季炎热多雨，冬季寒冷。

分类

落叶阔叶林的结构简单，可分为乔木层、灌木层和草本层。落叶阔叶林的乔木树种都具有较宽的叶片，叶上通常无或少茸毛，厚薄适中。芽有包得很紧的鳞片，树干和树枝也有很厚的树皮，这些都是适应冬季寒冷环境的结构。

知识小笔记

落叶阔叶林能为人类提供丰富多样的林副产品。除水果外，还有核桃、板栗、枣、榛等干果。

白桦树

白桦是典型的落叶阔叶林植物，它是喜光的阳性树种，也是针叶林或常绿阔叶林被破坏后出现的次生类型。白桦树外貌整齐，树干挺直，树皮呈白色，形成特有的景观。

▲ 白桦树

水曲柳

水曲柳属于落叶大乔木，可高达 30 米，胸径可达 1 米以上。水曲柳是古老的残遗植物，分布区虽然较广，但多为零星散生。材质坚韧，纹理美观，是制作家具的良材。但因砍伐过度，数量日趋减少，目前已不多见。

特别的羊胡子草

羊胡子草为多年生草本，根状茎粗短，生于岩壁上。羊胡子草的花就像羊的胡子一样用手摸一下，有点头发的感觉。羊胡子草曾被用来制作烛芯，填充枕头，也有药物作用。

▲ 羊胡子草

与大海做伴——海滨植物

在 大海边，生长着许多千姿百态的植物。由于海滩长期受到海水的浸润，土壤含盐量很高，一般说来，过多的盐分进入植物体内的话就会对植物产生致命的影响，但是这些植物却都有自己独特的生存本领。

马鞍藤

几乎在全世界热带地区的海边都能见到马鞍藤的踪影，因其叶子形状长得像马鞍而得名，开出紫色或深红色的花典雅迷人，也被称为"海滨花后"。

▶马鞍藤

知识小笔记

许多海滨植物会将茎部隐藏在沙堆里，根部则深埋在沙土中，只让叶片暴露在地面上。这样可以减少自然或人为对其所造成的伤害。

椰子树

椰子树是最重要的海滨植物之一，它的树干细长，基部膨大，树顶有巨大的羽状叶子，形成优美的树冠，成熟后的椰子甜美可口，具有较高的营养价值。

◀椰子树常常生长在海边地势仅高于涨潮水面、有循环的地下水或雨量充足的地方

露兜树

露兜树生于热带的海滨地区，它身材不高，但形态却很特殊。露兜树的叶子呈带状，有1米多长，叶子的两边和背面中脉上都生有尖锐的锯齿，特别容易伤到人。

银叶树

银叶树喜欢生长在潮湿的环境里，它植株高大，树干挺直。它的花很小，灰灰绿绿的，密密地吊在树枝上。果外皮具有充满空气的海绵组织，使之能漂浮于海面，种子随海潮漂流传播远方，故称海漂植物。

银叶树生长在潮湿的环境中，每天被海水冲击，但依然是旧模样

红树林

红树林是一种稀有的木本胎生植物群落，由红树科的植物组成，生长于陆地与海洋交界带的滩涂浅滩。红树林不仅为海洋动物提供了良好的生长发育环境，还起到防风消浪、促淤保滩、固岸护堤、净化海水和空气的作用。

红树林是一种奇特的"胎生植物"，幼苗在母体吸收营养以后再独立生长

"高不可攀"——高山植物

在 海拔数千米的高山地区，不仅空气稀薄，气温偏低，风力和紫外线强烈，还缺少可以保存的水分。但在这么恶劣的环境中，却生存着一些具有独特结构的高山植物。

特别的根系

大多数高山植物有粗壮深长而柔韧的根系，它们常穿插在砾石、岩石的裂缝之间或粗质的土壤里吸收营养和水分，以适应高山粗疏的土壤和在寒冷、干旱环境下生长发育的要求。

鲜艳的颜色

高山植物的颜色特别鲜艳，是因为高山上的紫外线很强，破坏了植物的染色体，于是它们产生了大量的胡萝卜素和花青素。这两种物质能吸收紫外线，使植物细胞正常工作，也使花朵的色彩变得更艳丽。

大多数高山植物都有很长的根系，这样可以深深地插入岩石的缝隙吸取生长所需的养分

银莲花为多年生草本，是一种高山药用植物

垫状植物

生长在高山上的植物，一般体积矮小，茎叶多毛，有的还匍匐着生长或者像垫子一样铺在地上，就形成所谓的"垫状植物"。一团团垫状体就好像运动器械中的铁饼，散落在高山的坡地之上，这样，它才能抵御大风和冷风的侵袭。

知 识 小 笔 记

雪莲的种子在 0℃ 发芽，3～5℃ 生长，幼苗能经受零下 21℃ 的严寒。在生长期不到两个月的环境里，它的高度却能超过其他植物的 5～7 倍。

↑ 雪莲被称为"傲冰斗雪的勇士"

雪莲

雪莲是高山植物重要的代表之一，它生长在海拔 4 800～5 500 米之间的高山寒冻风化带，它个体不高，茎、叶密生厚厚的白色绒毛，既能防寒，又能保温，还能减少高山阳光的强烈辐射，免遭伤害，所以这也是对高山严酷环境的一种适应。

雪绒草

雪绒草又名雪绒花，是著名的高山花卉之一，植株表面是白色或灰白色的棉毛，生于岩石间。有着"世界花园"之称的瑞士，把雪绒草定为国花。

◂ 雪绒草

不怕炎热的勇士——沙漠植物

干旱少雨的茫茫沙漠，气候特别干燥炎热，除了夜晚以外，几乎一直在烈日的暴晒下。植物要在这样严酷的气候中生存不是一件容易的事情，不过沙漠里的植物们却自有生存"法宝"。

🍀 光棍树

光棍树原产于热带沙漠地区，一年四季树上都是光溜溜的绿色枝条，几乎完全不长叶子，若折断一小根枝条或刮破一点树皮，就会有白色的汁液渗出，这种汁液有剧毒，能起到抵抗病毒和害虫侵袭的作用。

↑ 由于光棍树的原产地处于热带沙漠地区，这里气候炎热干燥，长期无雨，光棍树便适应了这种自然环境，没有叶子，以便减少蒸腾，节省水分

◂ 仙人掌

知识小笔记

沙漠植物各有一套对付干旱的方法，它们擅长用自己特殊的器官来贮存水分。此外，它们还有发达的根，能够吸到很深很远地方的水。

🍀 仙人掌

仙人掌有"沙漠英雄花"的美名，为了适应沙漠里干旱的生活环境，它的叶子已经退化成了针刺装，这样可以大大减少水分蒸腾的面积，它的气孔只有在晚上才微微张开，这样可以有效地阻止水分从体内跑掉。

沙漠玫瑰

沙漠玫瑰又名天宝花，原产于非洲的肯尼亚、坦桑尼亚，因原产地接近沙漠而得名。它的花形似小喇叭，玫瑰红色的花四季常开不断，非常艳丽。

▶沙漠玫瑰喜欢干燥、阳光充足的环境，耐干旱不耐水湿，耐炎热不耐寒冷

↑千岁兰在成长的过程中，植株的叶片通常会碎裂成许多条状物，让人无法看出它们原来是两片叶子

千岁兰

千岁兰，生长在非洲西南沿海纳米比亚及安哥拉的沙漠中，它的茎十分短粗，在茎的顶部边缘分别向外侧生出两片巨大的叶片，两片叶长出后，就与整个植株终生相伴。 这种奇形的裸子植物寿命很长，一般都能活数百年以上。

胡杨

世界上的胡杨绝大部分生长在中国，树高 15 ~ 30 米，它能忍受荒漠中的干旱，对盐碱有极强的忍耐力。胡杨的根可以扎到地下 10 米深处吸收水分，其细胞还有特殊的功能，不受碱水的伤害。

▶在沙漠中，只要遇到整片的胡杨林，就证明离水源不远了

种类繁多——草原植物

提 起草原，许多人的头脑里立刻会浮现出蓝天下"风吹草低见牛羊"的优美场景。其实，组成草原植物的种类相当复杂，就算极小的一个区域内也有许多不同的植物。

✿ 纺锤树

在南美洲的巴西高原上，生长着一种身材高大、体形别致的树木。它有 30 米高，两头尖细，中间膨大，最粗的地方直径可达 5 米，远远望去很像一个个巨型的纺锤插在地里，因此人们称它为纺锤树。

▲ 纺锤树的"大肚子"最多时可贮 2 吨水

知识小笔记

猴面包树原名波巴布树，它生活在非洲的热带草原上，茎干粗壮而枝叶细小，因为猴子爱吃它的果实而得名。

✿ 皂荚树

皂荚树树干高大，树姿雄伟，它的寿命长达 600 ~ 700 年，也是中国现存的古老树种之一，它的果实也就是我们平常所说的"皂角"，具有清洁等功能。因为皂荚树耐旱节水，根系发达，所以既可以用作防护林和水土保持林，也是营造草原防护林的首选树种之一。

▲ 草原上成片生长的青草就像大地的保护伞，它不但能制造氧气，而且还能保护土壤，减少风暴

🍀 金合欢树

金合欢树是非洲热带稀树大草原上的优势树种，它的花是橙黄色的，盛开时好像金色的绒球一样。在澳大利亚，金合欢被誉为国花，人们喜欢把它种在房屋周围，花开时节，花篱就好像一道金色的屏障，令人沉醉。

🔺 金合欢树

🍀 金莲花

金莲花为毛茛科金莲花属植物。金莲花茎直立，叶形如碗莲，花色有黄、橙、粉红、橙红、乳白、紫红、黑色和双色等。花朵盛开时，有如群蝶飞舞，别具风趣。

🔺 金莲花

🍀 黄茅草

草滩上常常生长着成片的黄茅草，它的样子一蓬一蓬，茎是黄色的，叶子也带点黄色，很好辨认。黄茅草的草籽小小的，还可以食用。

🔺 黄茅草

四季常青——热带雨林植物

地处赤道地区的热带雨林，因为温暖的气候和充沛的雨量，孕育了种类繁多的植物。在这里，树木很高大，种类也很丰富，而且大树底下的各种草本、藤本、寄生等植物交错生长在一起，组成了庞大而神秘的雨林生物群落。

种类繁多的植物

热带雨林植物种类繁多，有成千上万种名贵的药材、木材、果树、油料及橡胶等经济作物。热带雨林植物不受任何污染，是大自然赋予人类最神奇、最完美的绿色瑰宝。

大王花是热带雨林里的一种寄生植物。它没有叶子，也没有茎，靠其他植物的营养来生活

知识小笔记

为了争夺空间和阳光，热带雨林植物之间会展开激烈的生存竞争。"植物绞杀"和"独木成林"是热带雨林的重要特征。

郁郁葱葱的热带雨林

层次分明

热带雨林中的植物有着鲜明的层次，它们有高有矮，上有以浓密的树冠遮天蔽日的高大乔木，下有从缝隙中寻找阳光的幼树和矮小植物，在接近地面的地方，还生长着蕨类、灌木、苔藓、菌类和藻类植物。

↑藤木

藤本植物

藤本植物是靠缠绕或攀援于其他树木来支撑自己躯干的植物，它们通常都有长蛇似的身躯，从一棵树爬到另一棵树，从下面爬到树顶，又从树顶垂挂而下，交错缠绕，好像是交织在密林中的一张巨大蛛网。

望天树

望天树又名擎天树，是热带雨林的标志性树种。它通常有 50 多米高，几乎与 20 层楼一样高。它的树干笔直挺立，不分杈，好像一根伸向半空的擎天大柱，树冠像一把巨大的伞，非得仰头望天才能看得到它的枝叶。

榕树

榕树以树形奇特、枝叶繁茂、树冠巨大而著称。枝条上生长的气生根，向下伸入土壤，形成新的树干，称之为"支柱根"。榕树可高达 30 米，向四面伸展。其支柱根和枝干交织在一起，形似稠密的丛林，因此形成"独木成林"的现象。

↑榕树

美化我们的生活

　　植物的功能多种多样，它们可以满足人类的各种需求，无论是食用，还是建筑，或是制作物品……在人类的生活中都可以看到植物的身影和它们发挥的作用，因此从古代很早的时候起,植物就成了我们生活中不可缺少的朋友。

不可缺少——粮食植物

俗 话说"民以食为天"，粮食在人们生活中的重要性不言而喻。而粮食主要有小麦、水稻、玉米、大麦等，它们又叫谷物。其中，小麦、水稻和玉米并称为三大粮食作物。

🌼 小麦

小麦是世界上分布最广泛、产量最多的粮食作物，它们生长在温度较低的旱地上，是一年或二年生草本植物。世界上有一半的人以小麦为食，它可以做成各种面食。

↑ 小麦

🌼 水稻

水稻是亚洲人主要的粮食，又被称为"亚洲粮食"。它们生长在水田里，水稻叶长而扁，人们把水稻加工成大米，再用它做成米饭和糕点。

↑ 米饭

↑ 水稻

知识小笔记

美国是世界上最大的粮食出口国，也是最大的粮食援助国。

🍁 高粱

高粱是人类最早栽种的粮食之一，主要利用部位有籽粒、米糠、茎秆等。如今人们已经很少直接食用，主要用来制糖，做饲料，酿酒。名酒"茅台""竹叶青""汾酒"等都是以高粱为主要原料或重要配料的。

高粱

玉米

🍀 玉米

玉米是很古老的粮食作物，也叫玉蜀黍、苞谷等，是一年生的禾木科草本植物。

大麦

🍁 大麦

大麦果坚味香，碳水化合物含量较高，蛋白质、钙、磷含量中等，含少量 B 族维生素。在北非及亚洲部分地区人们尤喜用大麦粉做麦片粥，大麦是这些地区的主要食物之一。另外，大麦麦秆柔软，多用作牲畜铺草，也大量用作粗饲料。

营养健康——豆类植物

豆 类植物包括各种豆科栽培植物的可食种子，豆类包括大豆、豌豆、蚕豆、豇豆、绿豆、小豆、苦豆等。豆类植物里含有较高的营养价值，如蛋白质、脂肪、无机盐和维生素等。

大豆

大豆为豆科大豆属一年生草本植物，原产我国。中国古称菽，是一种其种子含有丰富的蛋白质的豆科植物，用大豆制作的食品种类繁多，如糕点、豆腐等。

大豆呈椭圆形、球形，颜色有黄色、淡绿色等，故又有黄豆、青豆之称

用大豆做成的豆腐

绿豆

绿豆原产于印度，后来主要种植于东亚、南亚与东南亚一带，也是我国人民的传统豆类食物。绿豆不但具有良好的食用价值，还具有非常好的药用价值，在炎炎夏日，绿豆汤是老百姓最喜欢的消暑饮品。

绿豆

蚕豆

蚕豆又称胡豆、川豆、罗汉豆。蚕豆籽粒蛋白质含量约为 25% ~ 28%，含 8 种人体必需氨基酸。不但可以食用，用来制作酱油、粉丝、粉皮等，还可作饲料、绿肥和蜜源植物种植。

↑蚕豆

豌豆

豌豆属豆科植物，因其适应性很强，在全世界的地理分布很广。豌豆既可作蔬菜炒食，籽实成熟后又可磨成豌豆面粉食用。因豌豆粒圆润鲜绿，十分好看，也常被用来作为配菜，以增加菜肴的色彩，促进食欲。另外，豌豆的茎叶不仅能清凉解暑，还可以作绿肥和饲料。

↑豌豆在我国已有 2 000 多年的栽培历史

知识小笔记

据调查，如每天坚持食用豆类食品，只要坚持两周的时间，人体便可以减少脂肪含量，增加免疫力，降低患病的几率。

黑豆

黑豆有乌发的作用，因为黑豆含铁元素比一般豆类都高，多食可增强体质、抗衰老，令头发乌黑亮丽。用黑豆泡醋食用，还可以降低血压。

▶黑豆

取"材"广泛——木材植物

人们建造坚固的房屋，打造美观实用的家具以及车、船、桥梁等，很多时候都要用一些植物所提供的木材，我们把这类植物叫做木材植物。

柏树

柏树又名侧柏、香柏，是一种长绿乔木，它的分布极广，自古以来就常栽种于寺庙、陵墓地和庭院中。柏树寿命长，树姿美，枝干苍劲，气魄雄伟，是我国应用最广泛的园林树木之一，它的木材可供建筑和家具等用材。

杨树的"杨"字的繁体由木和易两字组成，带有"易种之树"的含义，由此可见我们祖先造字的巧妙用心

庄严、肃穆的陵园内常常可以看到四季常绿的柏树

杨树

杨树是世界上分布最广、适应性最强的树种。主要分布于北半球温带、寒温带，一些国家栽培杨树主要是为了生产木材加工业所需要的原料，如胶合板、纤维板、刨花板和作为火柴工业的原料，另外，杨树还被用于大面积的防护林营造。

杉木

杉木又名刺杉、沙木，是一种常绿乔木，树高可达到 30 米以上，树冠呈尖塔型。它的木材具有质地轻、木纹平直、结构细密、耐朽、易加工、不易受虫蛀等优点，可以供建筑、桥梁、造船、电线杆及造纸等需用，是一种良好的用材树种。

→杉木生长迅速，作为速生林已被大面积栽种

马尾松

马尾松别名松柏、青松，其树高可达 40 米，它是一种重要的材用树种。松木主要供建筑、包装箱、胶合板等使用。木材含纤维素 62%，脱脂后为造纸和人造纤维工业的重要原料。

柳杉

柳杉是一种高大的常绿乔木，树冠高大，树干通直，高度可超过 50 米。它的木材纹理直，材质轻软，结构粗。它是重要的材用树种，被广泛栽培。柳杉还是园林绿化树种，常植于庭院、公园。

知 识 小 笔 记

铁桦树的木质比橡树硬三倍，比普通的钢硬一倍，子弹打在这种木头上，就像打在厚钢板上一样，它是世界上最硬的木材。

用途广泛——油料植物

油料作物是以榨取油脂为主要用途的一类作物，这类作物主要有大豆、花生、芝麻、向日葵、蓖麻、油用亚麻和大麻等。油脂的用途很广，除供人们食用外，在工业、医药、国防上都有广泛使用。

大豆

大豆成熟后，豆荚会裂开，里面的种子就是大豆。大豆含油量很高，大豆油是人们日常生活中重要的食用油。它的消化率高，营养丰富，与动物油相比，胆固醇含量低，长期食用可以减少心血管疾病。

↑大豆

→在电灯发明之前，菜籽油除了食用，还能用来照明

油菜

我们常吃的菜油就是用油菜的种子榨出来的，油菜籽含油量比大豆还高，用它榨出来的油称为菜籽油，也是人们主要食用的植物油之一。在中国，它的消费量占全国食用油的三分之一以上。

知识小笔记

橄榄油是一种优良的不干性油脂，是世界上最重要、最古老的油脂之一。地中海沿岸国家的人们广泛食用这种油脂。

花生

花生是我国最重要的油料作物之一，它的种仁内含有大量的脂肪和蛋白质，在植物油中，花生油品质最佳，除食用外，在工业上也有很多用途。

↑花生

↑芝麻榨油后的油饼含有丰富的蛋白质和脂肪，是家禽、牲畜的高营养饲料

芝麻

芝麻又称油麻、胡麻，是我国四大油料作物之一。芝麻的含油量很高，是生产高级食用油的佳品。芝麻油不但风味独特，芳香浓郁，而且在油漆、颜料、皮革、橡胶工业等方面也有广泛的用途。

向日葵

向日葵为世界四大油料作物之一，它的种子富含油脂，油量约为 48%～55%，不饱和脂肪酸含量高达 85%，向日葵种子做的油是一种极富保健作用的食用油。

↓向日葵

编织衣物——纤维植物

纤维植物是指利用其纤维作纺织、造纸原料或者绳索的植物，如棉（包括籽棉、皮棉、絮棉）、大麻、黄麻、槿麻、苎麻、苘麻、亚麻、罗布麻、蕉麻、剑麻等。

◀ 棉花

🌼 棉花

棉花是人类的衣料之源，人们称它为"太阳的孩子"。棉花是原产于热带的锦葵科一年生草本植物，它们结出的棉桃中，白色的棉纤维可以纺成纱，再织成棉布，棉布很柔软，对皮肤有很好的保护作用。

🌼 剑麻

剑麻是当今世界用量最大，范围最广的一种硬质纤维。它是一种龙舌兰属植物，被广泛应用于渔航、运输等行业所需的绳索，同时它还有重要的药用价值。

知识小笔记

箭毒木树又名见血封喉，是一种高大的常绿乔木，它的树皮纤维细长，强度大，容易脱胶，可以作为麻类的代用品，也可以作为人造纤维的原料。

◀ 剑麻

苎麻

中国是苎麻的故乡，我国早在5 000多年前就开始用苎麻织布缝衣了。苎麻是一种多年生的草本植物，它的纤维有胶质，长而坚韧，用它做成的布料凉爽透气，深受人们喜爱。

▶ 黄麻布袋

黄麻

黄麻在巴基斯坦被大量种植，产量居世界首位，在我国南方亚热带地区也广为栽培。黄麻为一年生草本植物，茎皮中含有大量纤维，它的纤维具有很强的吸湿性，是织麻布和麻袋的上等原料。

▲ 桑叶与桑椹

桑树

桑树是一种常见的植物，它常常生长在山坡上，叶子很宽，人们用它来养蚕，蚕吃了桑叶后会吐丝结茧。蚕茧经过加工后，可以织成光滑柔软的丝绸。

亚麻

早在5 000多年前，瑞士湖栖居民和古代埃及人已经栽培亚麻并用其纤维纺织衣料，埃及的"木乃伊"就是用亚麻布包盖的。亚麻纤维具有拉力强、柔软、细度好、导电弱、吸水散水快、膨胀率大等特点，可制高级衣料。

◆ 成熟后的亚麻茎秆由空心变成实心，里面含有亚麻纤维

健康的保证——蔬菜植物

蔬菜是人们生活中不可缺少的营养食品,它含有人体必需的各种维生素、矿物质和纤维素,能保证人体的健康。我国是世界蔬菜生产大国,各类蔬菜应有尽有。

蔬菜的分类

人们根据对蔬菜不同的食用部分,把蔬菜分为:叶类蔬菜,如菠菜、大白菜;茎类蔬菜,如莴苣、土豆、生姜、洋葱;根类蔬菜,如胡萝卜;花类蔬菜,如黄花菜;果类蔬菜,如番茄、茄子、辣椒、黄瓜等。

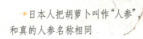

► 日本人把胡萝卜叫作"人参",和真的人参名称相同

蔬菜的营养成分

科学家根据蔬菜所含营养成分的高低,将它们分为甲、乙、丙、丁4类。甲类蔬菜富含胡萝卜素、核黄素、维生素C、钙、纤维等,主要有菠菜、芥菜等;乙类蔬菜通常是含有核黄素、胡萝卜素和维生素C较多的蔬菜,主要有新鲜豆类、胡萝卜、芹菜、大白菜等;丙类蔬菜含维生素类较少,但含热量高,如土豆、南瓜等;丁类蔬菜含少量维生素C,有冬瓜、竹笋等。

► 菠菜

► 长了芽的马铃薯不能吃,因为那些小芽里含有一种叫"龙葵素"的毒素,会引起食物中毒

知识小笔记

洋葱是一种很普通的家常菜，但营养价值很高，含有维生素B_1、维生素C、胡萝卜素、尼克酸、硫化物及矿物质等，在国外素有“菜中皇后”之美誉。

南瓜

营养丰富的南瓜，既是蔬菜，又可以当主食吃。它除了食用以外，还有许多别的用途，南美洲人把罐子型的南瓜挖空以后，用来存放牛奶和粮食。

南瓜

野生的西红柿果实很小，我们吃到的大都是人工种植的

西红柿

西红柿又叫番茄，适宜在肥沃的沙质土壤中生长，结出红色或者黄色的果实。西红柿含有丰富的维生素，是人们常吃的蔬菜。

花菜

花菜的花朵被人们当作蔬菜食用，因其色泽白润，质地细嫩，煮食清淡可口而深受欢迎。现代科学研究证明，花菜含有蛋白质、脂肪、胡萝卜素、维生素 A、维生素 B、维生素 C 与矿物质钙等人体不可缺少的营养成分。

我们每吃一口花菜实际已经吞下了几百朵花，因为一颗花菜是由千千万万朵奶黄色的小花蕾组成的，它们密密地拥挤成一堆，形成了一个大花球

美味多汁——水果植物

水果是指多汁且有甜味的植物果实,不但含有丰富的营养,而且能够帮助消化。新鲜的水果里含有丰富的维生素和多种人体所需要的微量元素,是人体维生素C的主要来源。

葡萄

葡萄是世界上产量最高的水果, 它的含糖量高达 10%～30%, 以葡萄糖为主, 另外, 葡萄中含有矿物质钙、钾、磷、铁以及多种维生素和氨基酸等, 常食葡萄对减轻神经衰弱、疲劳过度大有裨益。

知识小笔记

没有成熟的水果, 果肉细胞间的胶质层粘在一起, 所以吃起来很坚硬, 口感不好。

↑ 葡萄

↑ 苹果

苹果

苹果是世界上栽种最多,产量最高的水果之一。这种大众化的水果富含葡萄糖、果糖、蛋白质、脂肪、维生素C、维生素 A 等多种物质, 不仅营养全面, 而且易于吸收, 适于各类体质的人群。

山楂

山楂又称山里红，是中国特有的果树，它的果实可以生吃，酸中带甜，回味无穷。山楂还可以做成各种各样的食品，如山楂糕、山楂片、糖葫芦等。

↑ 山楂

西瓜

西瓜果瓤脆嫩，味甜多汁，含有丰富的矿物盐和多种维生素，是夏季主要的消暑果品。西瓜果皮可腌渍，制蜜饯、果酱和饲料。它的种子含油量达 50%，可榨油、炒食或作糕点配料。另外，吃西瓜对治疗肾炎、糖尿病及膀胱炎等疾病有辅助疗效。

↑ 西瓜

樱桃

樱桃是人们十分喜爱的一种水果，也是含铁量最高的水果。每 100 克鲜果肉中含铁量是山楂的 13 倍，是苹果的 20 倍。铁具有促进血红蛋白再生的功效，因此，樱桃对贫血的人有一定的补益作用。

↑ 樱桃

富含微量元素——干果植物

扁桃、核桃、腰果、榛子并称为世界四大干果。此外，花生、松子、板栗等都是干果家族的成员，它们含有丰富的营养，常吃干果可以补充体内所需的各种微量元素。

🍀 扁桃

扁桃是四大干果之一，它可食用的部分为核仁，有甜仁和苦仁两种，甜仁型扁桃香甜酥脆，可以直接食用，苦仁型扁桃不能食用。扁桃含有少量蛋白质、钙、铁、磷及维生素等，也可以作为一种油料植物。

🌱 扁桃就是我们平常说的"美国大杏仁"，它与作为水果吃的扁桃不是一种植物

知识小笔记

把干果放入不透风的储物罐里，在干燥凉爽的环境中能储存很长时间。

🌱 榛子

🍀 榛子

榛子又称山板栗，它的外形和栗子很相似，外壳坚硬，果仁肥白而圆，有香气，含油脂量很大。榛子的果仁炒熟后，香脆可口，用它提炼出来的榛子油是一种高级食用油。

板栗

板栗是我国特有的优良干果树种，它的果实是一种著名干果，秋天成熟的板栗果肉黄白，营养丰富，清香脆甜，它含糖量高，可以炒食和做菜，被誉为"干果之王"。

▲板栗

▲因为花生开花落地而根部结实，所以又名"落花生"

花生

常吃花生可以延年益寿，所以人们又叫它为"长生果"。花生仁香脆可口，营养丰富，含有大量脂肪、蛋白质、维生素，它既可榨油，又可制酱，还可以做糕点和美味菜肴。

▲核桃

核桃

核桃也称"胡桃"，位居世界四大干果之首，素有"木本油料王"之称。它的果实有两层果皮，外果皮成熟时会不规则地开裂，内果皮有许多褶皱。核桃仁营养丰富，具有补气、养血、润燥、化痰等药用价值。

➤核桃树喜欢气候凉爽的环境，寿命可达500多年

美食的配角——调味植物

调料是烹调食物时用来调味的物品，它们是许多美味佳肴的重要"配角"，不但能给菜肴增味，还可以补充多种营养。调味品多数取自不同植物的不同部分，包括果实、根、干花甚至种子。

葱

葱是一种很普遍的调味蔬菜，青色的叶子呈圆筒形，主要以叶鞘组成的假茎和嫩叶供食用，另外，以葱为原料，可做成多种食品，如"葱油""葱椒泥"等。

● 中空的圆筒状叶子

● 葱内含有蒜辣素，可以抑制癌细胞的生长

● 圆柱状的鳞茎

↑ 葱

↑ 辣椒

知识小笔记

葱能分解蛋白质，从而大大提高蛋白质的吸收利用率，葱几乎可以与任何食物搭配。

辣椒

辣椒，又叫番椒、辣子、秦椒等，果实通常为圆锥形或长圆形，辣椒的果实因果皮含有辣椒素而有辣味，能增进食欲，辣椒中维生素 C 的含量在蔬菜中居第一位。

姜

姜是一种原产于东南亚热带地区的植物，开有黄绿色花，根茎有刺激性香味。根茎鲜品或干品可以作为调味品。姜的辛辣香味较重，既可作调味品，又可作菜肴的配料，生姜还可以干食或者磨成姜粉食用。

↑ 烹调常用姜有新姜、黄姜、老姜、浇姜等，按颜色又有红爪姜和黄爪姜之分

↑ 花椒

花椒

花椒是花椒树的果实，是中国特有的香料，因而有"中国调料"之称。花椒的气味芳香，吃起来有些麻酥酥、热腾腾的味觉刺激，可以去除各种肉类的腥膻臭气，改变口感，促进唾液分泌，增加食欲。

↑ 蒜苗

蒜

蒜的底下鳞茎味道辣，有刺激性气味，称为"蒜头"，可作调味料，蒜叶称为青蒜或蒜苗，均可作蔬菜食用。另外，蒜还含有大蒜素，具有杀菌和抑制细菌的作用，可以入药。

↑ 蒜头

可口饮料——饮料植物

自然界中,许多植物可以制造成美味可口的饮料,其中以茶、咖啡和可可最为出名,它们并称为"世界三大饮料植物"。有趣的是,茶发源于亚洲,咖啡发源于非洲,可可发源于美洲,不同的发源地,赋予它们不同的背景文化。

沙棘

沙棘是一种野生植物,俗称酸柳、酸刺,它的果实中富含多种维生素,用沙棘为主要原料,可制成酸甜适口、风味独特的沙棘果汁饮料。

➤沙棘是一种落叶性灌木,其特性是耐旱,抗风沙,可以在盐碱化土地上生存,因此被广泛用于水土保持

可可

可可树生长在热带雨林里,可可树的果子是橙黄色的,表面有一条条突出的棱线。用可可做出来的饮料味道很奇妙,里面含有大量的能量,可以补充体力。美味的巧克力就是用可可做成的。

➤可可还是制作巧克力的主要原料

知 识 小 笔 记

菊花除了可以供观赏、入药以外,还可以制成保健饮料,如菊花茶、菊花果汁等,具有清热降暑的功效。

咖啡

咖啡树生活在气候温暖、雨量充沛的地区，香浓的咖啡就是用它的种子加工而成的。咖啡豆必须磨成粉后，才能制作成各种各样的咖啡饮料。喝咖啡有促进消化、提神醒脑的作用，咖啡被人们称为"饮料之王"。

➤咖啡豆

绿豆

绿豆是一种富含蛋白质、脂肪、碳水化合物及各种矿物质和维生素的豆类植物，用绿豆为主要原料制成的绿豆汤是一种深受人们喜爱的防暑饮料。

↑绿豆

茶

中国是茶的故乡，茶树很矮小，常常密密麻麻地挤在一起，茶就是由茶树的嫩叶加工而成的。茶可以分为绿茶、红茶、花茶等。茶有解毒和消除疲劳的作用，深受人们喜爱。

➤绿茶是中国人最喜欢的茶饮品，著名的西湖龙井、黄山毛峰等都属于绿茶

香气迷人——芳香植物

芳香植物是具有香气和可供提取芳香油的栽培植物和野生植物的总称。常见的芳香植物有熏衣草、迷迭香、薄荷、丁香、玫瑰等。

↑ 丁香

丁香

丁香花又名紫丁香、百结花，以独特的芳香、硕大繁茂之花序、优雅而调和的花色、丰满而秀丽的姿态而闻名。此外，它还有温胃降逆的功效，从其花蕾中提取的丁香油也是重要香料。

熏衣草

熏衣草原产于地中海沿岸、欧洲各地及大洋洲列岛，虽称为草，实际是一种小花。熏衣草有蓝、深紫、粉红、白色等，花朵含有丰富的精油。熏衣草油是世界名贵的香料，在药理上具有安定神经、促进睡眠等功效，还可以用来制造香水和化妆品。

↓ 香味出众的熏衣草是世界上最流行的芳香植物

玫瑰

玫瑰长久以来都是美丽和爱情的象征，它散发着一股迷人的香气，也是世界上著名的香精原料，人们多用它熏茶、制酒和制作各种甜食，一滴玫瑰油就要用去 1 000 朵玫瑰花。

→玫瑰

▲檀香木饰品

檀香

檀香木是檀香树的芯材，能散发出一种独特的芳香，被誉为"香料之王"。它原产于印度，最初为敬香之用，现在檀香木被广泛用于提取精油、制作工艺品和高级化妆品。

知 识 小 笔 记

人们发现芳香植物对某些疾病有治疗效果，如茉莉、桂花的芳香能抑制结核菌；丁香和檀香可以辅助治疗结核病；薄荷的芳香能减缓感冒的初期症状等。

薄荷

薄荷喜温暖潮湿和阳光充足、雨量充沛的环境，生长良好的薄荷香气十分浓郁，葱绿茂盛。薄荷产品具有特殊的芳香、辛辣感和凉爽感，有极强的杀菌抗菌作用，常食用能预防病毒性感冒和口腔疾病，保持口气清新。

→薄荷是一种芳香植物

美丽容颜——美容植物

不少植物体内都含有大量的营养成分，不管是食用还是外敷，对增加皮肤弹性和滋润光泽都大有益处，因此我们把这些对皮肤有益的植物叫做"美容植物"。

西瓜

西瓜不仅是一种味道鲜美的水果，它还具有神奇的美容效果，在脸上涂抹西瓜皮，有滋润、防晒、增白的作用。

▶在所有瓜果中，西瓜果汁含量最丰富，其含水量高达96%以上

芦荟

芦荟又叫油葱，是一种理想的美容植物。对于一般的护肤护发来说，芦荟最有价值的是它那厚厚的叶片中间的凝胶体，具有舒缓、保湿、滋养等多重美肤功效。

●狭长的披针型叶子，边缘有黄色刺状小齿

▶芦荟散发出清新的气味，使人保持镇静

黄瓜

　　黄瓜是十分有效的天然美容品。黄瓜能有效地促进机体的新陈代谢，扩张皮肤毛细血管，促进血液循环，增强皮肤的氧化还原作用，每日用鲜黄瓜汁涂抹皮肤，可以起到滋润皮肤、减少皱纹的美容效果。

▲ 具有蔬菜和美容品双重身份的黄瓜被称为"厨房里的美容剂"

香蕉

　　香蕉既是一种美味的水果，更是能改善肌肤的好帮手，这是因为香蕉由内至外都有非常丰富的营养。香蕉的果肉具有降低胆固醇的作用，蕉皮素还可抑制真菌和细菌，治疗皮肤瘙痒症。除此之外，它也是理想的天然营养面膜，有调节面部皮肤皮下微细血管平衡的作用。

→ 香蕉

知识小笔记

　　猕猴桃含有丰富的维生素，能够促进肌肤健康，保持肌肤的光泽和弹性，是一种有美容效果的水果。

→ 猕猴桃

▲ 由于柠檬中含大量有机酸，对皮肤有刺激性，所以不能将柠檬原汁直接涂在皮肤上

柠檬

　　柠檬在美容上有独特的作用，是有名的美容圣品之一，柠檬中的柠檬酸不但能防止和消除色素在皮肤内的沉着，而且能软化皮肤的角质层，令肌肤变得白净有光泽。

强身健体——药用植物

很久以来，植物一直是中药的主要原料，某些植物经过人们的加工，可以制成各种各样缓解疾病痛苦的良药。直到今天，药用植物仍在治病保健方面发挥着重要的作用。

知识小笔记

判断人参的年龄要看它的根和茎相连的地方，那儿有一个长叶片的芦头，每长一岁，上面就留下一圈疤节。

人参

人参是珍贵的中药材，由于根部肥大，形若纺锤，常有分叉，全貌颇似人的头、手、足，故而称为人参。人参的根可以入药，补脾益肺、生津、安神，具有抗疲劳、增强免疫力的作用。

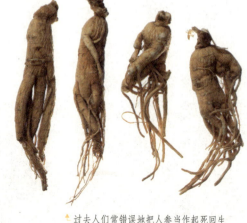

◄ 雪莲

▲ 过去人们常错误地把人参当作起死回生的仙药，以为它能包治百病

雪莲

雪莲在我国分布于西北部的高寒山地，它生长缓慢，至少4～5年后才能开花结果，所以是一种珍贵的高疗效药用植物。雪莲具有驱寒除湿、活血通经、抗炎镇痛等功能。

甘草

甘草入药已有悠久的历史了。甘草被称为"百药之王"，早在两千多年前，《神农本草经》就将其列为药之上乘。它有解毒、祛痰、止痛、解痉甚至抗癌等药理作用，另外，甘草还广泛应用于食品工业，用来精制糖果、蜜饯和口香糖等。

↑ 甘草

黄芪

黄芪是豆科草本植物蒙古黄芪、膜荚黄芪的根，具有补气固表、利水退肿、托毒排脓、生肌等功效。

↑ 黄芪

金银花

由于金银花是一对一对地开花，先开的花花瓣为白色，几天后才会变成黄色，因此得名金银花。它具有清热解毒的功效，还被广泛用于保健品、化妆品、工业等领域。

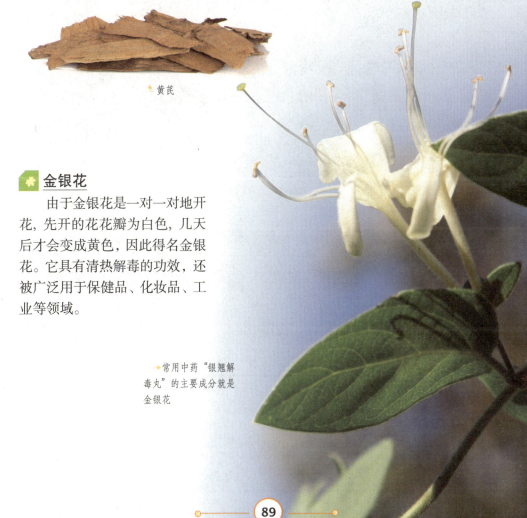

→ 常用中药"银翘解毒丸"的主要成分就是金银花

琼浆之源——酿酒植物

中国是世界上最早酿酒的国家,早在两千年前就发明了酿酒技术。酿酒与植物紧密相关,因为植物的果实和种子里含有淀粉等营养成分,它们经过发酵后就会转化为酒精。

啤酒花

啤酒花是一种桑科蔓生植物,原产欧洲、美洲和亚洲,它的花朵是酿造啤酒的原料。啤酒花不仅使啤酒具有独特的芳香气味、苦味,还有防腐及形成泡沫的能力。

↑ 啤酒花

燕麦

燕麦又名雀麦、野麦,它的营养价值很高,其脂肪含量是大米的 4 倍,人体所需的氨基酸、维生素 E 的含量也高于大米和白面。人们常常利用燕麦来酿酒。

↑ 燕麦

葡萄

葡萄

葡萄酒是用新鲜的葡萄或葡萄汁经发酵酿成的酒精饮料。通常分红葡萄酒和白葡萄酒两种。红葡萄酒以带皮的红葡萄为原料酿制而成,白葡萄酒则以不含色素的葡萄汁为原料酿制而成。

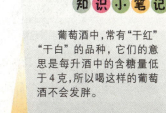

知识小笔记

葡萄酒中,常有"干红""干白"的品种,它们的意思是每升酒中的含糖量低于4克,所以喝这样的葡萄酒不会发胖。

苹果

苹果

苹果是苹果酒的主要原料,是将苹果经过破碎、压榨、低温发酵、陈酿调配而成。适量饮用苹果酒可以舒筋活络,增进身体健康。

稻米

稻米是制造米酒的原料。米酒,又叫酒酿、甜酒。最好的米酒是把稻米磨到原始大小的30%后酿造而成的,并且不加任何人工原料。但大部分用来酿酒的稻米都没有磨到这种程度,而是添加了纯酒精和糖。

稻米

蜜蜂的最爱——蜜源植物

蜜源植物是指所有气味芳香、能供给蜜蜂采集花蜜、花粉的植物。如果从狭义上区分，那些能分泌花蜜、供蜜蜂采集的植物是蜜源植物，而那些能大量生产花粉、供蜜蜂食用的植物则是粉源植物。

椴树

椴树有紫椴、糠椴两种，花期 20 ~ 25 天。椴树蜜多粉少，蜜为松香色，香甜可口，为特等蜜。

知识小笔记

蜂蜜含有多种无机盐、维生素、铁、钙、铜等有益人体健康的微量元素以及果糖、葡萄糖等，具有滋养、润燥、解毒之功效。

▲椴树和蜜

油菜花

油菜花是最容易栽培的农作物之一，农田冬春休耕期间，农民在田里洒上油菜籽，播种后约两个月便开出朵朵黄色的小花，花朵中含有丰富的花粉，花粉里香甜的花蜜气味会吸引无数辛勤的蜜蜂前来采花酿蜜。油菜花蜜呈淡黄色，富含维生素 C 和人体所需的多种矿物质，营养价值很高。

▲金灿灿的油菜花具有较高的经济价值，它的茎、叶以及果实不仅可以食用，还可以作为优良的植物油原料

🍁 荔枝

荔枝盛产于南方，被誉为"果中之王"。荔枝蜜采自荔枝之花，芳香馥郁，味甘甜，呈琥珀色，是我国南方地区出产的上等蜂蜜。

🍁 柑橘

柑橘是中国南方春季的主要蜜源植物之一，通常开花就能泌蜜，它的蜜腺位于子房周围的花托上，呈瘤状，深绿色。柑橘蜜呈浅黄色，1 朵柑橘花泌蜜量为 20 ~ 80 毫克，正常年份每群蜜蜂可采蜜 10 ~ 20 千克。

荔枝果实肉质细嫩多汁，甜香可口，营养丰富，是水果中的珍品

柑橘泌蜜量很大，在蜜蜂采蜜后仍能泌蜜

🍁 洋槐

洋槐又叫刺槐，树体高大，叶色鲜绿，春季开花时，洁白的花串挂满枝头，芳香四溢。我们平常所见的洋槐花蜜就是从洋槐花上采摘酝酿而来的。洋槐花蜜具有颜色浅、味鲜香等特点，常食用可以改善血液循环、降低血压等。

洋槐

植物王国的"另类"

在世界各地分布着30多万种植物，它们有的高耸入云，有的匍匐在地，有的缠绕于树枝之间，有的漂浮在水面之上。众多的植物形成了一个千奇百态的植物王国，在这个绿色的国度里当然也不乏一些"另类"……

依赖母亲——胎生植物

有少数被子植物，它们好像哺乳动物的胎儿在母体中发育那样，当种子成熟时，并不马上离开母体，而是在果实中萌发，长成幼苗后才离开母体，人们把这类植物叫做"胎生植物"。世界上最有名的胎生植物是热带海滩上的红树。

❈ 特殊的红树果实

红树果实成熟时，里面的种子就开始萌发，从母树体内吸取养料，长成胎苗。胎苗长到约30厘米时，就脱离母树，利用重力作用扎入海滩的淤泥之中。几小时以后，就能长出新根，从而避免被海水冲走。

▶红树发芽

❈ "海岸卫士"

红树林最引人注目的特征是密集而发达的支柱根，很多支柱根自树干的基部长出，牢牢扎入淤泥中形成稳固的支架，使红树林可以在海浪的冲击下屹立不动。红树林的支柱根不仅支持着植物本身，也保护了海岸免受风浪的侵蚀，因此红树林又被称为"海岸卫士"。

▶红树的根

水面上的红树

知识小笔记

我国红树林共有 37 种，主要分布于广西、广东、海南、台湾、福建和浙江南部沿岸。

顽强的生命力

如果红树的胎苗下坠时正逢涨潮，便会被海水冲走，但胎苗不会被淹死，因为它的体内含有空气，可以长期在海上漂浮。等到海水退去时，胎苗便会扎下根来，成为开发新"领土"的勇士。经过几十年，又会繁衍成一片红树林。

泌盐现象

热带海滩阳光强烈，土壤富含盐分，红树林植物多具有盐生和适应生理干旱的形态结构，植物具有可排出多余盐分的分泌腺体，叶片则为光亮的革质，利于反射阳光，减少水分蒸发。

百鸟归林

红树林是鸟类栖息的天堂，红树林生长的滩涂为鸟类提供了大量的食物，红树林里的害虫也是鸟类的美味佳肴，这些吸引了大量鸟类栖息。在傍晚的时候，游客在岸边用望远镜可以观察到百鸟归林的奇异景观。

红树林海岸

昆虫杀手——食虫植物

具 有捕食昆虫能力的植物称为食虫植物。食虫植物一般具备引诱、捕捉、消化昆虫，吸收昆虫营养的能力，猎物甚至包括一些蛙类、小蜥蜴、小鸟等小动物，所以也被称为食肉植物。

稀有种群

食虫植物是一个稀有的种群，已知的食虫植物全世界约 600 多种，它们大多生活在高山湿地或低地沼泽中，以诱捕昆虫或小动物来补充营养物质的不足。

▶食虫植物

知识小笔记

食虫植物通常用蜜汁来吸引昆虫。但这些所谓的蜜汁里都含有有毒物质，昆虫食用了这种毒液，便会神志不清，或麻痹、死亡。

捕蝇草

捕蝇草是一种非常有趣的食虫植物，在叶的顶端长有一个酷似"贝壳"的捕虫夹，且能分泌蜜汁，当有小虫闯入时，能以极快的速度将其夹住，并用酸液将其消化吸收。

▼捕蝇草叶子的外侧生有一排刺毛，对外界的触碰反应非常敏感

🍀 猪笼草

猪笼草是有名的热带食虫植物，主产地是亚洲热带地区。猪笼草有一个独特的圆筒形捕虫囊，它能够分泌可以吸引昆虫的腺素，一旦昆虫触到壁上的蜡质，就会被猪笼草消化掉。

🔺 毛毡苔爱吃蛋白质，不爱吃油脂，如果把一小块肥肉放在上面，几天都不会被消化掉

🔺 猪笼草的捕虫囊内有蜜腺，能分泌蜜汁引诱昆虫，昆虫进入捕虫囊后，囊盖并不像人们想象的那样合上，但是捕虫囊的囊口内侧囊壁很光滑，所以能防止昆虫爬出

🍀 毛毡苔

世界上有 90 余种毛毡苔类食虫植物，它们利用叶片上众多细毛分泌出带甜香味的黏液，黏住落在上面的蚂蚁或蝇类，然后叶片卷起，捕捉并消化食物。

🍀 瓶子草

瓶子草原产西欧、北美和墨西哥等地，它的叶子成瓶状，并能分泌诱饵以吸引昆虫，当昆虫失足落下，瓶子草就可以将昆虫消化。

🔺 瓶子草在瓶形叶接近底部的内壁处，长着许多倒刺，使落入瓶底的昆虫无法逃生

不能"自立"——寄生植物

绝 大多数高等植物都能自己制造生长发育所必需的有机营养。但是有一部分植物却过着不劳而获的寄生生活，它们往往从另一些植物身上吸取营养。这种植物便被人们称作寄生植物。

分类

根据对植物的依赖程度不同，寄生植物可分为两类，一类是半寄生种子植物，它们有叶绿素，能进行正常的光合作用，但根多退化；另一类是全寄生种子植物，它们没有叶片或叶片退化成鳞片状，不能进行正常的光合作用，从寄主植物内吸收全部或大部分养分和水分。

↑冬青的果实像樱桃一样红艳，而且黏黏的，甜中带酸，吸引着过往的小鸟停留、啄食。鸟儿吃过了果实，就带着粘在嘴巴上的果核飞走，果核落在别的树上，冬青就这样开始了它的寄生生活

知识小笔记

不含叶绿素或只含很少、不能自制养分的植物，约占世界上全部植物种类的十分之一。

寄生方式

大多数寄生植物是利用它们的根从寄生的植物体中吸收水分和营养的，有些寄生植物吸收树上滴下来的水，使它们的茎更丰满。

↑列当是靠吸收别的植物的养分和水分来生长的，烟草、番茄、辣椒、马铃薯、蚕豆、花生、向日葵等植物都是它寄生的对象

桑寄生

桑寄生一般寄生在桑树、栎树、柳树、苹果树等树木上，它们从寄主树干中吸取水分和无机盐，自己制造各种有机物。桑寄生很耐寒，在寒冷的冬季，它们的叶依旧是绿色的，橙黄色的果实格外引人注目。

↑ 桑寄生对空气污染极为敏感，它们可以作为一种空气污染指示植物

野菰

野菰是中国南方比较常见的一种寄生植物，春夏间开花，花谢后结种子，冬天枯死。由于野菰本身没有叶绿素进行光合作用，所以只能靠寄生在植物体上吸取养分生存。它多寄生于五节芒、甘蔗等植物的根部，因此，别名也叫"蔗寄生"。

菟丝子

菟丝子专门喜欢寄生在荨麻、大豆、棉花一类的农作物上。春天，菟丝子种子萌发钻出地面，形成一棵像"小白蛇"的幼苗。一旦碰上荨麻等植物的茎后，马上将其紧紧缠住，然后顺着寄主茎干向上爬，并从茎中长出一个个小吸盘，伸入到植物茎内，吮吸里面的养分。

↑ 菟丝子的种子具有补肝、肾及止泻的功效

"毒"挡一面——有毒植物

植物是自然界不可缺少的一部分,提供给人类食物,同时也是重要的工业原料。它们与人们的生活息息相关。但是植物自身的化学成分复杂,其中有很多是有毒的物质,若不慎接触到,可能会引起中毒,甚至死亡。

❋ 夹竹桃

夹竹桃原产伊朗,现广植于热带及亚热带地区,其茎、叶、花朵都有毒,它分泌出的乳白色汁液含有一种叫夹竹桃苷的有毒物质,误食会中毒。不过,它的茎皮纤维为优良混纺原料,茎叶还可用来制杀虫剂。

↑ 夹竹桃

❋ 水仙

水仙为石蒜科多年生草本,是中国著名花卉之一,有毒,误食后会有呕吐、体温上升、虚脱等症状,严重者发生痉挛、麻痹而死。另外,它的叶和花的汁液可以使人皮肤红肿。

➤ 因为夹竹桃的吸尘能力特别强,所以常被大量栽种在道路两边

➤ 水仙的花粉有毒,对咽喉刺激较大

毒箭树

毒箭树亦称"见血封喉"，它生长集中的广东湛江和海南等地，当地人都把它叫作"鬼树"，它的毒液成分是见血封喉甙，如果不小心让毒液溅到眼睛里，会顿时失明。

曼陀罗

曼陀罗又叫醉仙桃，它在夏季开花，花朵为纯白色，筒状，花冠呈漏斗形，像一只小喇叭。漂亮的曼陀罗全株都有毒，种子毒性最强，不小心碰到它们就会引起中毒。

→曼陀罗的种子

知识小笔记

最初，人们把毒箭树的有毒汁液涂在箭头上，用来杀死猛兽，它可以使野兽的血液凝固并死亡。

虞美人

虞美人花姿美好，色彩鲜艳，但全株有毒，尤其以果实的毒性最大，误食后会引起中枢神经系统中毒，严重的甚至可导致生命危险。

↓花色艳丽的虞美人

貌似植物——菌类

大雨后的草地上，常常会出现像草帽一样的蘑菇，可能人们会认为它们是植物，其实不然，它们只是长得像植物。它们没有根、茎、叶，也没有制造养分的叶绿素，只能靠吸取土壤或其他动植物的养分为生。

与植物的区别

从表面上看，菌类与植物的生长形式类似，但植物是通过光合作用制造有机物来供给自身生长的营养，菌类没有这种能力，因此不是植物家族的成员。

知识小笔记

木耳也叫黑木耳，是一种营养丰富的食用真菌，它略呈耳形，黑褐色，常常生长在树干上，湿润时半透明，干燥时变革质。

◀ 木耳

菌类的分类

菌类大约有 10 万种，分为细菌、放线菌和真菌三大类。菌类的生活环境比较广泛，在水、空气、土壤甚至动植物的身体内，均可生存。

菌类植物不能进行光合作用，无法自己制造营养物质，只能通过寄生或者腐生的方式来生存

猴头菇

猴头菇因为外形像一只浅黄毛猴的脑袋而得名。它是中国传统珍贵食用菌，与熊掌、海参、鱼翅并称"四大名菜"，并有"山珍猴头、海味燕窝"之说。

香菇

香菇是一种生长在木材上的真菌，味道鲜美，香气沁人，营养丰富，素有"植物皇后"的美誉。香菇还富含铁、钾等人体所需的营养元素，味甘，性平。还可以主治食欲减退、少气乏力等症。

▶香菇被视为"菇中之王"

▶猴头菇的外形似猴子的头，因而得名。其孢子透明无色，表面光滑，呈球形或近似球形

自然界的"清洁工"

自然界中每天都有数以万计的生物在死亡，有无数的枯枝落叶和大量的动物排泄物等，细菌和真菌就担当着"清洁工"的重任，它们最大的本领就是把死亡了的复杂有机体分解为简单的无机物，这一过程，就是它们清除大自然"垃圾"的过程，也是自然界物质循环的过程。

▶野生菌类

濒临灭绝——珍稀植物

世界上有一些植物特别珍贵，它们的数量非常少，因为外界或自身的原因，正面临着濒临灭绝的危险。因此，这些植物被人们称为"珍稀植物"。

"茶族皇后"

金花茶是一种古老的植物，极为罕见，分布极其狭窄，全世界 90% 的野生金花茶仅分布于我国广西十万大山的兰山支脉一带，生长于海拔 100 ~ 200 米的一些低缓丘陵上，数量极少，是世界上稀有的珍贵植物。它金瓣玉蕊，蜡质金黄，晶莹光洁，鲜丽俏艳，素有"茶族皇后"之称。

银杏

银杏又叫白果树，是一种古老而珍贵的落叶乔木，自然生长的野生银杏十分稀少，只有在我国浙江西天目山的深谷之中以及其他极少数地区，有少量银杏的原始林分布。

↓ 银杏

知识小笔记

我国建立了最大的人工培育水杉基地——大丰水杉基地。

水杉

水杉素有"活化石"之称，一般垂直分布在海拔 800 ~ 1 500 米的地区。水杉树形优美，树干高大通直，生长快，是亚热带地区平原绿化的优良树种，也是速生用材树种。

↑ 水杉

珙桐

珙桐原产我国，初夏开花，花形奇特，似白色鸽子，随风而舞，极为漂亮，被人称为"中国鸽子树"。由于被砍伐破坏及挖掘，目前数量较少，分布范围也日益缩小，该物种已被列为中国一级保护野生植物。

↑ 珙桐是第四纪冰川南移时幸存下来的"遗老"，所以也有"活化石"之称

桫椤

桫椤产于热带、亚热带山地，中生代时在地球上广泛分布，它生长缓慢，生殖周期较长，它有根、茎、叶的分化，但不能开花结果，所以它比高等植物略低一等。

↑ 桫椤的茎富含淀粉，可供食用，也可入药，具有较高的经济价值，是国家一级保护植物

适者生存——植物的防卫与伪装

生物界是一个弱肉强食的世界，相形于植物，动物似乎更鲜活、更生动。其实，柔弱的植物在几亿年的生物进化中也找到了一种自我保护的有效方法，它们在受到侵害时，也会像动物那样懂得自卫和伪装。

荨麻

荨麻把针和毒这两种防御武器相结合，从而产生更有效的保护作用。它的倒刺能戳入侵害它们的动物的皮肤，同时毛刺从叶子上脱落下来，牢牢地扎在动物的皮肤上，把毒素注入皮肤中，引起严重的皮肤炎症。动物常常望而却步。

◀荨麻叶浸泡后可以去除其毒性，可食用，尤其是嫩芽非常可口，含有高蛋白，适宜做汤或作为蔬菜食用，用荨麻叶做汤在北欧很流行

生石花

原产于南非的生石花常常生长在布满鹅卵石的石滩上，它的茎很短，顶部接近于卵圆形，很像一块块美丽的鹅卵石，这样的伪装技术让生石花避免了很多外界的伤害。

▶生石花是肉质植物的一种，主要产于南非和纳米比亚。植株矮小，主要由两片对生的肉质叶组成。顶端平坦，中央有裂缝，会在裂缝中开出花朵

蝎子草

蝎子草是一种草麻科植物，其生长在比较潮湿和阴凉的地方。蝎子草也长刺，但它的刺非常特殊，是空心的，里面有一种毒液，如果人或动物碰上，刺就会自动断裂，把毒液注入皮肤里，引起皮肤发炎或瘙痒。这样一来，野生动物就不敢侵犯它们了。

▸蝎子草虽然螫人，但它却有奇效。将它的茎或叶片捣烂，敷在伤口上，对于蜂、蝎、蛇的咬伤具有止痒、去痛、解毒的效果

毒蛇草

在我国的喜马拉雅山中，还生长着一种奇草，藏族人民叫它"毒蛇草"。叶子像眼镜蛇在昂首远望，这是它们在长期的自然环境中通过变异形成的，它可以用这种形式蒙混过吃草动物的眼睛，让它们以为自己是毒蛇，而不被吃掉。

◂ 毒蛇草

知识小笔记

许多植物的毒素并不是遍布全身，而是集中在叶、果实、花等一些最容易受到动物袭击的部位。

绿色清香的妙用

植物叶片受伤后会流出绿色的汁液，同时叶片的清香变得更加浓郁。科学家发现，植物产生的这种"绿色清香"可引诱害虫的天敌前来清除害虫，并提高植物自身对疾病的抵抗力。

无声的表达——植物物语

植物物语是各国、各民族根据各种植物的特点、习性和传说典故，赋予它们不同的人性化象征意义。人们用植物来表达自己的语言，表达内心的某种感情与愿望。

爱情之花

玫瑰花是美神的化身，是爱情之花，象征着纯洁的爱和美丽。2 月 14 日西方情人节，许多在爱情之河畅游的年轻人，都会将此花献给自己的心上人来表达感情。

康乃馨

母爱之花

康乃馨花色娇艳，芳香迷人，代表着对母亲无限的爱，营造了温馨的氛围，有祝母亲健康平安的寓意。随着母亲节的兴起，康乃馨日益风靡世界，成了全球销量最大的花卉。

甜菜

在西方，甜菜是拒婚的表示。古代波斯人认为甜菜是一种不吉祥的东西，如果一个小伙子到姑娘家求婚，款待他的是甜菜，那就表示求婚无望了。

长寿花

原产于非洲的长寿花，其花语是大吉大利、长命百岁。它枝密叶肥，花繁叶茂，花期较长，可以从冬至春长期开花，在节日赠送亲朋，也非常合适。

纯洁之花

清新脱俗的百合花散发着淡淡的清香，代表着纯洁、高雅和财富，还象征着百年好合、永结同心，在婚礼上，也常常是新娘的手捧花。

长寿花为肉质植物，体内含水分多，比较耐干旱。生长期不可浇水过多，每2～3天浇1次水，盆土以湿润偏干为好

花语最早起源于古希腊。在希腊神话里记载过爱神出生时将血化成了玫瑰的故事，玫瑰从那个时代起就成为了爱情的代名词。

百合是百合科百合属多年生草本球根植物，主要分布在亚洲东部、欧洲、北美洲等北半球温带地区，全球已发现有一百多个品种，中国是其最主要的起源地，其中55种产于中国

111

意寓深远——国花

国花是指以自己国内特别著名的花作为国家表征的花，是一个国家领土完整、历史文明悠久、文化灿烂、民族团结、高尚人格的象征。

↟ 橄榄花

🍀 希腊国花

橄榄树象征着希腊民族的骄傲、国家的繁荣。举行竞赛时，以橄榄枝作桂冠奖励优胜者，还把橄榄枝作为和平的标志。

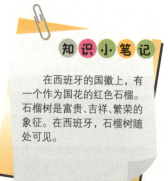

知 识 小 笔 记

在西班牙的国徽上，有一个作为国花的红色石榴。石榴树是富贵、吉祥、繁荣的象征。在西班牙，石榴树随处可见。

🌸 日本国花

在日本所有公园里，满目都是樱花。日本人民认为樱花具有高雅、刚劲、清秀、质朴和独立的精神，象征着勤劳、勇敢、智慧，因此定其为国花。

荷兰国花

荷兰的国花是郁金香，在那里，郁金香是美好、庄严、华贵和成功的象征。荷兰的郁金香誉满全球，郁金香为热爱它的人们带来了多姿多彩的生活。此外，土耳其、匈牙利、伊朗、新西兰也把郁金香定为国花。

▶几百年前，在荷兰，郁金香曾身价千金，一个名贵品种甚至可以换来一座别墅

法国鸢尾

"鸢尾"的名字来源于希腊语，是彩虹的意思。法国人将香根鸢尾定为国花，这种鸢尾体大花美，婀娜多姿，非常美丽。

◀鸢尾花

巴西国花

毛蟹爪兰是原产巴西、墨西哥热带雨林中的一种附生植物。它体色鲜绿，茎多分枝，常成簇而悬垂，一根枝条由若干节组成，每节呈倒卵形或长椭圆形，数节连贯，似蟹爪，因而得名。毛蟹爪兰以其株形优美、花色艳丽深受花卉爱好者的欢迎。

▶毛蟹爪兰的根紧紧攀附在巨树高枝或悬崖峭壁上，不为风雨所动摇

国家象征——国树

苍 劲挺拔、婀娜多姿的树木，是大自然赋予人类的宝藏，许多国家把一些经济价值较高的或者有观赏价值的树木誉为国树，用以代表各自民族的精神。

✿ 澳大利亚国树

桉树是澳大利亚人最喜欢的植物之一，也是澳大利亚的国树。在澳大利亚，桉树代表着不畏艰难困苦、勇往直前、奋力拼搏的精神，此外，桉树叶也是澳大利亚珍兽考拉的重要食物。

✦ 桉树

◀ 菩提树只适于长在热带和亚热带，在我国南方的很多寺院较常见，北方的气候冷，不适宜栽种菩提树

✿ 印度国树

菩提树又叫阿里多罗、印度菩提树、思维树、觉树等，因为释迦牟尼在菩提树下觉悟成佛而得名。佛门弟子把它奉为圣树，印度将其定为国树。

🍁 加拿大国树

枫树是加拿大的国树。加拿大境内多枫树，素有"枫叶之国"的美誉，加拿大人民对枫叶有着深厚的感情，国徽上有枫叶，国旗正中绘有一片红色枫叶。

🍁 希腊国树

希腊的国树是油橄榄树，在雅典的大街小巷到处可见。油橄榄与希腊人民心目中的神圣女神雅典娜是分不开的。该树记述着希腊人民追求和平的历史，提醒人民珍惜来之不易的幸福生活。

▲ 橄榄树

知识小笔记

雪松在《圣经》上被称为植物之王，在黎巴嫩，它被誉为国树，代表着坚忍不拔的斗争精神和人民的力量，同时还象征纯洁和永生。

🍁 泰国国树

泰国人民认为桂树象征着吉祥如意。当地桂树一般在 3—6 月开花，桂树长有许多向下垂的黄色花朵，摇曳起伏，金光闪闪，就像挂着一串串金锁链，所以桂花又被称为"黄金雨"。

▲ 桂树

绚丽缤纷的花朵

　　植物之美，莫过于花。花是天地灵秀之所钟，是美的化身，赏花，在于"悦其姿色而知其神骨"，如此方能遨游在每一种花的独特韵味中，深得其中情趣。正是这些美丽的花朵把我们的世界装扮得五彩缤纷、多姿多彩。

花中之王——牡丹

牡丹是我国特有的木本名贵花卉,花大色艳、雍容华贵、富丽端庄、芳香浓郁,而且品种繁多,素有"国色天香""花中之王"的美称,长期以来被人们视为富贵吉祥、繁荣兴旺的象征。

❀ 牡丹的分布

　　中国是牡丹的发祥地和世界牡丹王国。牡丹主要分布于黄河中、下游地区,包括山西、河南、河北、山东等省。其中,中原地区的栽培历史最为悠久,是中国牡丹的主要栽培中心。

知 识 小 笔 记

　　从唐代起,人们就推崇牡丹为"国色天香",历代举国一致地珍视和喜爱,实际上已经赋予牡丹以国花的崇高地位。

❀ 花朵的分类

　　牡丹花大色艳,品种繁多。根据花瓣层次的多少,传统上将花分为单瓣（层）类、重瓣（层）类、千瓣（层）类。在这三大类中,又根据花朵的形态特征分为:葵花型、荷花型、玫瑰花型、半球型、皇冠型、绣球型六种花型。

✦ 牡丹的寿命可达百年至数百年

↑ 牡丹

🍁 多样的颜色

　　牡丹系以八大色著称，如白色的"夜光白"、蓝色的"蓝田玉"、红色的"火炼金丹"、墨紫色的"种生黑"、紫色的"首案红"、绿色的"豆绿"、粉色的"赵粉"、黄色的"姚黄"。还有花色奇特的"二乔""娇容三变"等，另外，在同一色中，深浅浓淡也各不相同。

🍁 药用价值

　　牡丹除了观赏之外，它的根皮称为丹皮，可以入药，里面含有牡丹香醇、安息香酸和葡萄糖等，有清热凉血、活血行瘀的功效。

🍁 生活环境

　　绝大多数品种的牡丹都喜欢阳光充足、稍耐半阴的环境，如果在花期时遮阴，开花效果会更好，花期也可以适当延长，特别是对一些不耐日晒的品种。

↓洛阳是牡丹的故乡，牡丹是洛阳市市花，别名"洛阳红"

名花之首——梅花

梅花是世界著名的观赏花木，尤以"风韵美"著称，每当冬末春初，疏花点点，清香宜人。自古以来人们爱梅、赏梅、画梅、咏梅，形成了特有的梅文化。

◀ 紫梅的重瓣呈紫色，有一点淡香

🌸 种类繁多

梅花品种及变种很多，目前大品种有30多个，下属小品种有300多个，其品种按枝条及生长姿态可分为叶梅、直角梅、照水梅和龙游梅等类；按花色花型可分为宫粉梅、红梅、照水梅等。

🌸 多样的花色

梅花的颜色有很多种，比如紫红、粉红、淡黄、淡墨、纯白等。如果成片栽培的话，那种缤纷怒放的情形让人沉醉，有的艳如朝霞，有的白似瑞雪，有的绿如碧玉。

◀ 品赏梅花一般着眼于色、香、形、韵等方面

◀ 梅花是世界著名的观赏花木，尤以风韵美著称，每当冬末春初，疏花点点，清香远溢，在中国与松、竹并称为"岁寒三友"

🍁 精神象征

梅花是中华民族的精神象征,具有强大而普遍的感染力和推动力。梅花象征坚韧不拔、不屈不挠、奋勇当先、自强不息的精神品质。别的花都是春天才开,它却不一样,愈是寒冷,愈是风欺雪压,花开得愈精神,愈秀气。

知 识 小 笔 记

腊梅与梅花两者在植物学上既不同科,也不同属,花色、花形、株形等均不相同,只因同是一个"梅"字,香味又略有相似处,因此往往被人误认为是同种。

▸腊梅

🍀 药用价值

梅花的药用范围很广,它的花蕾能开胃散郁、生津化痰、活血解毒,根研末可治黄疸。此外,梅花还可提取芳香油。

▸梅花具有很高的观赏价值

🌼 梅花的香味

梅花的香味别具神韵,清逸幽雅,被历代文人墨客称为"暗香"。那种香味让人难以捕捉却又时时沁人肺腑、催人欲醉。探梅时节,徜徉在花丛之中,微风阵阵略过梅林,犹如浸身香海,通体蕴香。

▸梅花树皮漆黑而多糙纹,其枝虬曲、苍劲嶙峋,有一种饱经沧桑、威武不屈的阳刚之美

花中珍品——茶花

茶花又叫山茶,是一种名贵的观赏植物。因其植株形姿优美,叶浓绿而光泽,开花时色彩夺目,象征战斗胜利,被誉为胜利之花,从而受到世界园艺界的珍视。

美丽的茶花

茶花是山茶属植物,具有天生的芒姿丽质。它干美枝青叶秀,花色艳丽多彩,花姿优雅多态,气味芬芳袭人,使人观后赏心悦目,心旷神怡。

↑茶花是美的象征,鲜丽的山茶花是山茶树的精华

分类花色

茶花的花型大致可分为单瓣、重瓣和完全重瓣。茶花的花色以红色占大多数,其他的还有粉红、紫色、白色、黄色、粉白以及玫瑰绫纹等色,另外,还有一种茶花树可以开出不同的花色。

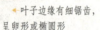

↑叶子边缘有细锯齿,呈卵形或椭圆形

↑洁白芬芳的茶花

珍贵的金花茶

金花茶是山茶花家族中唯一拥有金黄色花瓣的品种，自古有"茶花金色天下贵"的美誉。这种植物分布区域狭窄，且成活率低，是世界稀有的珍贵植物，一直被视为"植物界的大熊猫"，是国家一级保护植物。

→茶花色艳丽多彩，花型秀美多样，花姿优雅多态，气味芬芳袭人，是我国南方重要的植物造景材料之一

实用花卉

山茶花在我国已有一千多年的栽培历史，品种极多。除用于观赏外，其木材细致，可用于雕刻，种子可榨油。此外，因它四季常青，冬季开花的特性，也可以在城市、企业园林绿化方面得到广泛的应用。

知识小笔记

在大理白族，人们把山茶花推为百花之王，每年农历二月初九到十五，定为"朝花会"，家家门前堆"花山"，花山顶上定是一盆盛开的山茶花。

净化空气

茶花植株具有很强的吸收二氧化碳的能力，对二氧化硫、硫化氢、氯气、氟化氢和烟雾等有害气体，都有很强的抗性，因而能起到保护环境、净化空气的作用。

天下第一香——兰花

兰花是中国传统名花，自古以来就以其简单朴素的形态、高雅俊秀的风姿、文静的气质、刚柔兼备的秉性和"在幽林亦自香"的美德而赢得人们的敬重，被尊为"花中君子"。

种类繁多

全世界有 2 万多个兰花品种，通常分为中国兰和洋兰。在中国，兰花一般指兰属的植物，如春兰、蕙兰、建兰及墨兰等，主要分布在长江流域以南诸省区，而洋兰大多分布在热带和亚热带地区，品种较少。

生活习性

兰花喜阴凉潮湿，忌阳光、干燥，喜富含大量腐殖质、排水良好、微酸性的沙质土壤，宜空气流通的环境。

↑雅俗共赏的兰花是一种以香著称的花卉。它幽香清远，一枝在室，满屋飘香，被人颂为"国香"

↑蝴蝶兰在洋兰世界中被誉为"洋兰王后"，是热带兰中的珍品

药用价值

兰花的根、叶、花、果、种子均有一定的药用价值。它的根可以治肺结核、肺脓肿及扭伤，也可接骨，它的叶子还可以治百日咳，果能止呕吐。

食用价值

兰花的香气清新、醇正，用来熏茶，品质最高。兰花不仅可做汤，还可作菜肴，清香扑鼻，缭绕席间，食之令人终生难忘。

▲兰花所散发的香气，虽能让人心旷神怡，但久闻会令人过度兴奋而引起失眠

知识小笔记

20世纪60年代早期，法国科学家首次把组培技术用于兰花繁殖。1966年，第一株分生无性系兰花在美国培育成功。

▲兰花的根是丛生的须根系，上面没有根毛，按结构可分为内、中、外三部分，最外层为包围全根的根皮组织。根内贮藏着丰富的水分和养料

兰花的喻意

兰花以它特有的叶、花、香，给人以极高洁、清雅的优美形象。古今名人对它评价极高，将它喻为"花中君子"。古代文人常把诗文之美喻为"兰章"，把友谊之真喻为"兰交"，把良友喻为"兰客"。

▲兰花高雅俊秀、超凡脱俗，被誉为"花中君子"

出泥不染——荷花

荷花原产我国，以中国传统十大名花著称于世，它花大色艳，亭亭玉立，出淤泥而不染，迎骄阳而不惧，色清丽而不妖，是中国园林水景的重要花卉。

清香四溢的荷花被视为花中仙子，成为高尚品德的象征

美丽的花朵

荷花的花瓣有单瓣、复瓣、重台、千瓣之分，颜色也有深红、粉红、白及间色等变化，它的花期一般在 6—9 月，其中花径最大可达 30 厘米。

特殊的生长方式

荷花的根茎种植在池塘或河流底部的淤泥上，而荷叶挺出水面。在伸出水面几厘米的花茎上长着花朵。

多花型荷花又称千瓣莲，是荷花当中的珍品，它的一个花蕾内包含两个以上的花蕊

使用价值

荷花的地下茎是莲藕，叶是荷叶，果实是莲蓬，种子为莲子。莲藕和莲子可以食用，荷花的花、嫩叶也都可以食用，大的莲叶还可以用于包装食物。

➡荷花的根茎，也就是藕，横生于水底淤泥中，可以食用

圣洁的代表

荷花是圣洁的代表，更是佛教神圣净洁的象征。荷花清洁无暇，很多人都以荷花"出淤泥而不染，濯清涟而不妖"的品质作为激励自己洁身自好的座右铭。

知识小笔记

在江南民间，人们把农历 6 月 24 日作为荷花的生日，每到这一天，人们就结伴去塘边观赏荷花。

长寿的种子

荷花可以用种子或根茎繁殖，特别的是，荷花的种子莲子可以存活上千年。有科学家培育了一些有千年历史的莲子，繁殖出来的荷花依然生机盎然。在仰韶文化遗址中发现的两枚古莲子，其历史超过 3 000 年。

➡莲蓬，莲花的果实，晒干后，莲蓬可以用于插花。莲蓬孔洞内的小坚果，即莲子

➡"荷"被称为"活化石"，因为它是被子植物中起源最早的植物之一

凌波仙子——水仙

水仙原产欧洲，据记载，唐代自意大利传入中国，作为名贵花卉栽培，至今已有 1 000 多年的历史了。它叶姿秀美，花香浓郁，亭亭玉立于水中，故有"凌波仙子"的雅号。

❋ 水仙花的品种

水仙花主要有两个品种：一是单瓣，花冠色青白，花萼黄色，中间有金色的冠，形如盏状，花味清香，所以叫"玉台金盏"，花期约半个月；另一种是重瓣，花瓣十余片卷成一簇，花冠下端轻黄而上端淡白，名为"百叶水仙"或称"玉玲珑"，花期约 20 天。

❋ 顽强的生命力

水仙花是点缀元旦和春节最重要的冬令时花，它通常是在浅盆中栽培，只需要适当的阳光和温度，再加上一勺清水、几粒石子，就能生根发芽。

知识小笔记

水仙是一种多年生植物，它是靠鳞茎来繁殖的，如果将那些已开过花的鳞茎再埋到土里，它就可以继续生长繁殖。

◆ 水仙像蒜却又是雅致之品，因此，明代的《长物志》称水仙为"雅蒜"

▶ 寒冬时节，百花凋零，而水仙花却叶花俱在，仪态超俗

🔶 有毒的水仙

水仙的毒性表现为全草有毒，鳞茎毒性较大。误食后有呕吐、腹痛、脉搏频微、出冷汗、呼吸不规律、体温上升、昏睡、虚脱等症状，严重者发生痉挛、麻痹而死。

黄水仙是愚人节的象征，这一天，美国家庭习惯用水仙花和雏菊装饰房间，组织家庭舞会

水仙在栽培过程中，如果栽培的季节、方法不当，可能会造成花葶中途夭折，花蕾枯萎或花未开先衰的现象，这叫做"哑花"

🍀 希腊神话中的水仙

在希腊神话中，水仙原是个美男子，他不爱任何一个少女，而有一次，他在一山泉饮水，见到水中自己的影子时，却对自己发生了爱情。当他扑向水中拥抱自己影子时，灵魂便与肉体分离，化为一株漂亮的水仙。

水仙花的别名很多，如天葱、雅蒜、金盏银台、玉玲珑等

花中皇后——月季

在姹紫嫣红的百花园中，月季因花容秀美，千姿百色，四季常开，不负"花中皇后"之名，深受人们喜爱，被评为我国十大名花之一。

🌼 月季的由来

月季是野生蔷薇的一种，经过对野生蔷薇的长期人工栽培和品种选育工作，最后培育出一年能反复开花的蔷薇，就是月季。月季也是因为月月季季鲜花盛开而得名。

在花卉市场上，月季与蔷薇经常被误认成玫瑰，其实三者是有区别的

一株地被月季一年可萌生 50 个以上分枝，每枝可开花 50～100 朵

知识小笔记

月季花所发散出的香味会使个别人闻后感到胸闷不适，憋气与呼吸困难，所以不适宜栽种在居室。

🌼 生长环境

月季喜日照充足，空气流通，排水良好，能避冷风、干风的环境。大多数品种最适温度白昼为 15～26℃，晚上为 10～15℃。冬季气温低于 5℃时，即进入休眠。

🍁 香水月季

香水月季是一个杂交品种，是月季与巨花蔷薇的混种，它能在短期内反复开花，花朵开放缓慢，瓣质较厚，花色持久，叶片漂亮，茎刺少。

▶月季

🍁 多样的枝干

月季的枝干特征因品种不同而不同，包括高达 100 ~ 150 厘米、直立向上的直升型；高度 60 ~ 100 厘米、枝干向外侧生长的扩张型；不及 30 厘米的矮生型或匍匐型；枝条呈藤状、依附于其他物向上生长的攀援型。

🍁 价值用途

月季可用于布置花坛、庭院，可制作月季盆景，做花篮、花束等，花朵可提取香料，根、叶、花均可入药，具有活血消肿、消炎解毒的功效。

● 月季的枝干除个别品种光滑无刺外，一般都有皮刺。皮刺的大小、形状、疏密因品种而异

● 月季花单生或丛生于枝顶，花形及瓣数因品种而有很大差异，色彩丰富

花中君子——菊花

菊花是中国传统名花,它隽美多姿,不以娇艳姿色取媚,却以素雅坚贞取胜,盛开在百花凋零之后,自古以来被视为高风亮节、清雅洁身的象征,它和梅、兰、竹一起被人们誉为"四君子"。

悠久的历史

中国是菊花的起源中心,分布较多的野生菊花。菊花在中国有 3 000 多年的栽培历史,早在古籍《礼记》中就有"季秋之月,菊有黄花"的记载。

▶菊花喜欢阳光充足、气候凉爽、地势高、通风良好的生长环境

品种繁多的菊花

中国目前拥有 3 000 多个菊花品种,从其花色上分有黄、白、紫、绿等色,并有双色种;从花形上分有单瓣、复瓣、扁球、球形、外翻、龙爪、毛刺、松针等形;从栽培方式上分有立菊、独本菊、大立菊、悬崖菊、花坛菊、嫁接菊;从花期上分有春、夏、秋、冬、四季菊等。

◀太阳菊

观赏价值

菊花有其独特的观赏价值，人们欣赏它那千姿百态的花朵、姹紫嫣红的色彩和清隽高雅的香气，尤其在百花纷纷枯萎的秋冬季节，菊花傲霜怒放，它不畏寒霜欺凌的气节，也正是中华民族不屈不挠精神的体现。

➤菊花与玫瑰、剑兰、香石竹、郁金香一起并称为"世界五大鲜切花"

知识小笔记

日本科学家采用等离子束照射技术培育出了一批新品种的菊花，每一朵菊花同时有五六种颜色，花瓣花纹也深浅不同。

药用价值

菊花为菊科多年生草本植物，是我国传统的常用中药材之一，主要以头状花序供药用，它有清凉镇静的功效，可以治头痛、眩晕、血压亢进、神经性头痛及眼结膜炎等症。

精神象征

菊花以其高尚坚强的情操被视为民族精神的象征，受人爱重。菊作为傲霜之花，一直为诗人所偏爱，古人尤爱以菊名志，以此比拟自己坚贞不屈的高尚情操。

➤中国人很爱菊花，从宋代起，民间就有一年一度的菊花盛会

优雅女神——郁金香

郁金香原产于东亚土耳其一带，别名"洋荷花"，它属于百合科多年生草本植物，经过园艺家长期的杂交栽培，目前全世界已拥有 8 000 多个品种。

种类繁多的郁金香

郁金香品种繁多，花形有杯形、碗形、卵形、球形、百合花形、重瓣形等；花色也有白、粉红、紫、褐、黄、橙等，深浅不一，单色或复色；花期有早、中、晚。

知识小笔记

荷兰已成为首屈一指的"郁金香大国"，该国的郁金香畅销 120 多个国家，郁金香和风车、奶酪、木鞋并称为荷兰的"四大国宝"。

◆ 郁金香

生活习性

郁金香原产伊朗和土耳其高山地带，形成了适应冬季湿冷和夏季干热的特点。喜温暖、湿润、夏季凉爽的环境；宜生长于富含腐殖质、排水良好的沙质土壤中。

◆ 郁金香

荷兰的郁金香种植园

郁金香在荷兰

荷兰是欧洲的花园，鲜花之国，荷兰是种植葱属植物的全球领袖，花卉产量占荷兰农业总产量的 3.5%，而郁金香是其中种植最广泛的花卉，它不仅是荷兰主要的出口创汇商品之一，也是荷兰的国花，是美好、庄严、华贵和成功的象征。

用途

郁金香花朵似荷花，花色繁多，色彩丰润、艳丽，是世界上著名的球根花卉，在欧美的小说、诗歌中，它被视为胜利和美好的象征，也可代表优美和雅致。适合点缀庭院、切花和盆栽。

黑郁金香

黑郁金香所开的黑花，并不是真正的黑色，它只是红到发紫的暗紫色而已。这些黑花大都是通过人工杂交培育出来的品种，诸如荷兰所产的"黛颜寡妇""绝代佳丽""黑人皇后"等，所开的花都不是纯黑的。

黑郁金香

爱情使者——玫瑰

> **玫**瑰又被称为刺玫花、徘徊花、刺客，属于蔷薇科蔷薇属灌木。长久以来都是美丽和爱情的象征。因玫瑰花可提取高级香料玫瑰油，比黄金还要昂贵，故玫瑰有"金花"之称。

种类繁多的玫瑰

玫瑰原产于东方，但如今已遍布全世界，主要分布于温带。原始的品种包括野生玫瑰共有约250种，而混种与变种则有成千上万种。

► 玫瑰精油

► 玫瑰

用途

玫瑰很香，它是世界上著名的香精原料，人们多用它熏茶、制酒和配制各种甜食，其价值常比黄金还高。玫瑰入药，其花阴干，有行气、活血、收敛作用，果实中维生素 C 含量很高，是提取天然维生素 C 的原料。

► 红艳艳的玫瑰

"玫瑰之邦"

保加利亚是世界上最大的玫瑰产地，素以"玫瑰之邦"闻名。玫瑰是保加利亚的国家象征，那里种植的玫瑰有上百种。保加利亚所产的玫瑰油质地纯正、香气浓郁，最高年产量为2吨，出口量一直居世界第一位。

↑ 蓝玫瑰

知识小笔记

古希腊神话中，玫瑰是从垂死的美少年阿多尼斯的鲜血中生长出来的，因为阿多尼斯是爱与美的女神阿芙洛狄特爱恋的对象，所以，玫瑰成了爱情的象征。

蓝玫瑰

玫瑰在自然界中并没有蓝色，曾有人采用特殊染色剂将白玫瑰染成蓝玫瑰，其后有关机构耗巨资在玫瑰基因中植入能刺激蓝色素产生的基因，从而培育出可自然呈现蓝色的新品种。

玫瑰与月季

玫瑰与月季是姐妹花，长得活像双胞胎，花形花色也相近，不同点是玫瑰叶皱而有刺，月季无刺而叶平，月季常开，玫瑰每年仅开两三度。

云裳仙子——百合

百 合花姿雅致，叶片青翠娟秀，茎干亭亭玉立，是名贵的切花新秀，是从古到今都受人喜爱的世界名花。

美丽的云裳仙子

百合花植株挺立，叶似翠竹，沿茎轮生，花色洁白，状如喇叭，姿态异常优美，能散发出隐隐幽香，因此被人誉为"云裳仙子"。

金百合

百合的花朵如同绽放的喇叭

知识小笔记

百合花的花名是为了纪念圣母玛利亚，自古以来圣母就被基督教视为清纯的象征，因此它的花语就是纯洁。

生长习性

百合花为短日照植物，喜温暖湿润和阳光充足的环境。较耐寒，怕高温、高湿度。百合花适宜肥沃疏松、排水良好的土壤，对腐殖质要求不太高。

药用价值

百合具有较高的营养成分，又具有较高的药用价值。百合有润肺止咳、清心安神、补中益气之功能，能治咳唾痰血、虚烦、神志恍惚、脚气浮肿等症。

↑百合是新娘手捧花束中必不可少的一种花

百年好合

百合的种头是由近百块鳞片抱合而成，古人视为"百年好合""百事合意"的吉兆，故历来许多情侣在举行婚礼时都要用百合来做新娘的捧花。

香水百合

香水百合属于人工培育的百合花品种，号称百合中的"女王"，它的茎直立，水平开花，花大，香气袭人，主要颜色是白色，但已培育出多种其他颜色，如粉、黄、红等，自然花期为夏季。

↑香水百合

香草之后——熏衣草

在 蓝天的映衬下，一整片的熏衣草田宛如深紫色的波浪在风中层层叠叠地上下起伏着，花香四溢……熏衣草，这种被称为"香草之后"的紫色小花，一直受到人们的喜爱和关注。

↑熏衣草的花

分布地点

熏衣草原产于地中海沿岸、欧洲各地及大洋洲列岛，后被广泛栽种于英国及南斯拉夫，现美国的田纳西州、日本的北海道也有大量种植。我国新疆的天山北麓也是熏衣草种植基地，号称中国的熏衣草之乡，新疆的熏衣草已列入世界八大知名品种之一。

↑熏衣草

香气逼人的花朵

熏衣草是多年生草本或小矮灌木，虽称为草，实际是一种紫蓝色小花。有蓝、深紫、粉红、白等色，常见的为紫蓝色，全株略带木头甜味的清淡香气，因花、叶和茎上的绒毛均藏有油腺，轻轻碰触油腺即破裂，会释出香味。

芳香药草

熏衣草有"芳香药草"之美誉，它适合任何皮肤，可以促进细胞再生，加速伤口愈合，改善粉刺、湿疹，平衡皮脂分泌，对烧烫灼晒伤有奇效，还能抑制细菌、减少疤痕。

↑ 熏衣草

知识小笔记

法国南部的小镇普罗旺斯是世界上最著名的熏衣草种植基地。在这里，熏衣草花田一年四季都有着截然不同的景观。

生活习性

熏衣草易栽培，喜阳光，耐热，耐旱，极耐寒，耐瘠薄，抗盐碱，栽培的场所需日照充足，通风良好。

工艺价值

熏衣草自然高温晾干的紫蓝色干花穗是做香包、香囊等工艺品的原料。用干花穗粒制作的香薰工艺品放在卧室、客厅，能有效净化空气，对衣物还能起到防虫、防蛀的良好效果。

↓ 普罗旺斯熏衣草花田

花中仙子——芍药

芍药是中国传统名花，色鲜艳，形似牡丹，花大略香，与牡丹并称"花中二绝"，自古有"牡丹为花王，芍药为花相"的说法。这充分说明了我国人民对芍药的喜爱之情。

品种多样

芍药原产于我国，在大别山、秦岭及京西百花山等地均有野生品种，历史悠久。芍药花色鲜艳，有纯白、微红、深红、紫红、淡红、金黄等色，有单瓣和重瓣之分，通常栽培供观赏的为重瓣品种。

→芍药

生活习性

芍药喜温和、较干燥的气候，喜肥，耐寒，耐旱，耐阴。对光照要求不高，在屋后、树下、林边也能生长，但不及阳光充足处茂盛。宜植于土层深厚、排水良好、疏松肥沃的沙质土壤。

🌸 药用价值

芍药不仅是名花，而且其根可供药用。芍药在中药中有"白、赤"之分，近代以开白花者为白芍药，开红花者为赤芍药。研究表明，芍药的根具有增加冠脉流量、改善心肌血流、扩张血管、镇痛、抗炎、抗溃疡等多种作用。

↑ 芍药

知 识 小 笔 记

芍药在我国已有 3 000 多年的栽培历史，历史上以扬州芍药最负盛名。芍药又称"将离"，古代男女交往中会以赠送芍药，表达结情之约或惜别之情。

🌸 杨妃出浴

"杨妃出浴"是芍药的一个新品种，它的花为白色，少数有红色斑点，花形端庄、整齐，叶背面、枝外有绒毛，叶黄绿色，生命力强，成花率很高。适合于园林绿化美化、庭院栽植、切花栽培。

🌸 芍药和牡丹

芍药是蓄根草本，牡丹是灌木木本，它们花形、叶片非常相似，不过牡丹于 5 月初开花，芍药花期要晚一些。在英语和其他欧洲语言中，牡丹和芍药是同一个词。

↑ 白芍药

伟大母爱——康乃馨

康乃馨又叫香石竹，为石竹科石竹属的植物，分布于欧洲温带以及中国的福建、湖北等地，原产于地中海地区，是目前世界上应用最普遍的花卉之一。

美丽如绢

康乃馨在温室栽培可四季开花，花直径 5 ~ 10 厘米，花色鲜艳，有白、红、桃红、桔黄、紫及杂色。花瓣如绢，镶边叠褶，匀称地包卷在筒状花萼之内，有宜人的香味。

→康乃馨

理想栽培

康乃馨理想的栽培区域是夏季凉爽、湿度低，冬季温暖的地区。适宜在空气相对干燥、通风的环境中生长。盆栽需要选择阳光充足、通风的场所以及疏松肥沃、含丰富腐殖质的土壤。

↑康乃馨

🍀 母亲节之花

　　大部分康乃馨代表爱、魅力和尊敬之情，红色康乃馨代表爱和关怀。传说圣母玛利亚看到耶稣受到苦难流下伤心的泪水，眼泪掉下的地方就长出粉红色康乃馨，因此粉红康乃馨成了不朽母爱的象征。

▲ 康乃馨

🍀 四季康乃馨

　　四季康乃馨植株高大，花茎强韧，花大重瓣，一般为温室栽培，切花多用此类品种。还可按花色分为大红类品种、紫色类品种、肉色类品种，也可按花茎上花朵大小和数目分为大花香石竹和散枝香石竹两类。

🍀 用途

　　康乃馨是优异的切花品种，花色娇艳，有芳香，花期长，适用于各种插花需求，可做花篮、花束、花盘及胸花，花朵还可提取香精。

知 识 小 笔 记

　　康乃馨深受世界各国人民喜爱，是西班牙、洪都拉斯和摩纳哥等国的国花。

冰清玉洁——玉兰

玉兰又名白玉兰、木兰、应春花，原产于长江流域，是我国著名的观赏植物和传统花卉，树大花美，是名贵的早春花木，在中国有2 500年左右的栽培历史。

早春之花

玉兰树为木兰科落叶乔木，花朵白如玉，花香似兰，树形魁伟，高者可超过10米，花期10天左右，是北方早春重要的观花树木。

↑玉兰经常在一片绿意盎然中开出大片的白色花朵，清新怡人

↑玉兰花

知识小笔记

玉兰对有害气体的抗性较强，具有一定的抗性和吸硫的能力。因此，玉兰是很好的防污染绿化树种。

生活习性

玉兰分布于中国中部及西南地区，现世界各地均已引种栽培。通常用播种、嫁接法繁殖。喜温暖、向阳、湿润且排水良好的地方，要求土壤肥沃、不积水。有较强的耐寒能力，在−20℃的条件下可安全越冬。

🍁 美丽的花朵

　　玉兰花外形极像莲花，盛开时，花瓣展向四方，青白片片，白光耀眼，具有很高的观赏价值；再加上清香阵阵，沁人心脾，实为美化庭院之理想花卉。另外，玉兰花还象征着纯洁真挚的爱。

🍁 紫玉兰

　　紫玉兰为落叶大灌木，艳丽怡人，芳香淡雅，高度可达 3～5 米，花朵外面呈紫色或紫红色，里面白色，条件适宜时可以二次开花。它的树皮、叶和花可提制芳香浸膏，花含挥发油及少量生物碱。

🔺 艳丽的紫玉兰

🍁 药用价值

　　玉兰花的花瓣可供食用，肉质较厚，清香宜人，也有一定的药用价值。可用于头痛、鼻塞、过敏性鼻炎等症。另外，玉兰花还对常见的皮肤真菌有抑制作用。

清香袭人——茉莉

花园中的百花姹紫嫣红，姿态万千，芳香四溢。其中有一个品种姿压群芳，栽培历史悠久，广受大众喜爱，它就是大家耳熟能详的名花——茉莉花。

↑ 茉莉花

芳香的花朵

茉莉为木樨科植物，常绿小灌木或藤本状灌木，高可达1米。一枝通常有三朵花，有时多，花朵为白色，发出淡淡的芳香，花期较长，可以从初夏一直持续到深秋。

种类繁多

茉莉原产于印度、阿拉伯一带，中心产区在波斯湾，现广泛种植于亚热带地区。茉莉花大约有200个品种，主要有单瓣茉莉、双瓣茉莉和多瓣茉莉，其中双瓣茉莉是中国大面积栽培的主要品种。

➤ 茉莉花的成分和特殊香味对人体内分泌系统有调节作用

广泛的用途

茉莉花多用盆栽，点缀室容，清雅宜人，还可加工成花环等装饰品。另外，茉莉花清香四溢，能够提取茉莉油，是制造香精的原料，茉莉油的身价很高，相当于黄金的价格。茉莉的花、叶、根均可入药。

▶茉莉花茶

知 识 小 笔 记

希腊首都雅典被称为茉莉花城；泰国人把茉莉花作为母亲的象征；美国的南卡罗来纳州定茉莉花为州花。

茉莉花茶

茉莉花的花瓣可用来制作茉莉花茶，气味芳香。多饮用可安定情绪、消除神经紧张、去除口臭、提神解乏、润肠通便、美容、明目，还有防治腹痛、慢性胃炎的功效。

生活习性

茉莉喜温暖湿润的环境，在通风良好、半阴环境中生长最好。土壤以含有大量腐殖质的微酸性沙质土壤最适合，大多数品种畏寒、畏旱，不耐霜冻、湿涝和碱土。

金秋飘香——桂花

每年中秋节前后,是桂花盛开的日子。这时,庭前屋后、公园绿地的片片桂花林就会散发出甜甜的桂花香味,让人深深地沉醉在那一片浓郁的花香之中,流连忘返。桂花树因开花时芬芳扑鼻,香飘数里,因而又叫"七里香""九里香"。

产地和分布

桂花树叶茂而常绿,树龄长久,芳香四溢,是我国特产的观赏花木和芳香树。桂花原产我国西南喜马拉雅山东段,印度、尼泊尔、柬埔寨也有分布。我国桂花集中分布和栽培的地区,主要是岭南以北至秦岭、淮河以南的广大热带和北亚热带地区。

知识小笔记

桂花树对有害气体二氧化硫、氟化氢有一定的抗性,是工矿区良好的绿化花木。

香气浓郁

桂花树为常绿阔叶乔木,树高可达 15 米,树冠可覆盖 40 平方米。花序簇生于叶腋,小小的花朵聚成伞状,花色有乳白、黄、橙红等,香气极浓。

▶桂花树

生活习性

桂花对土壤的要求不太高，除碱性土和低洼地或过于黏重、排水不畅的土壤外，一般均可生长，但以土层深厚、疏松肥沃、排水良好的微酸性砂质壤土最为适宜。

桂花糕

用途广泛

桂花味辛，有化痰、止咳、生津、止牙痛等药用功效。桂花味香持久，可制糕点、糖果，并可酿酒。另外还可以提取芳香油，用于食品、化妆品的生产。

丹桂是一种常绿灌木，雌雄异株，叶呈椭圆形，开橘红色花，香味很浓，是珍贵的观赏植物

四大品种

桂花由于久经人工栽培、自然杂交和人工选择，形成了丰富多样的栽培品种。大致可以分为四个品种群，分别是金桂、银桂、丹桂和四季桂。

百科·探索·发现

（少年版）

神奇的植物